中国科学技术发展战略研究院
科技预测与评价研究所

技术前瞻与评价

Technology Foresight and Assessment

总第4辑　2020

科学技术文献出版社
SCIENTIFIC AND TECHNICAL DOCUMENTATION PRESS
·北京·

图书在版编目（CIP）数据

技术前瞻与评价. 总第4辑：2020 / 胡志坚主编. —北京：科学技术文献出版社, 2020.3
ISBN 978-7-5189-6180-1

Ⅰ.①技… Ⅱ.①胡… Ⅲ.①科学技术—技术发展—文集 Ⅳ.① N1-53

中国版本图书馆 CIP 数据核字（2019）第 252372 号

技术前瞻与评价 总第4辑 2020

策划编辑：孙江莉 责任编辑：崔灵菲 胡远航 责任校对：张吲哚 责任出版：张志平

出 版 者 科学技术文献出版社
地 址 北京市复兴路15号 邮编 100038
编 务 部 （010）58882938，58882087（传真）
发 行 部 （010）58882868，58882870（传真）
邮 购 部 （010）58882873
官方网址 www.stdp.com.cn
发 行 者 科学技术文献出版社发行 全国各地新华书店经销
印 刷 者 北京虎彩文化传播有限公司
版 次 2020 年 3 月第 1 版 2020 年 3 月第 1 次印刷
开 本 787 × 1092 1/16
字 数 246千
印 张 11.75
书 号 ISBN 978-7-5189-6180-1
定 价 50.00元

目 录

Contents

学术论文

调研报告

学术论文

世界科学、技术、工业革命趋势分析

胡志坚*

（中国科学技术发展战略研究院，北京 100038）

摘　要　当今世界处于以相对论和量子力学为范式的第二次科学革命过程中，基础科学发现高峰期已过，可研究的空间越来越少，科学研究的重心纵向下移，横向走向交叉和边缘，应用科学研究得到越来越多的重视，新的科学革命还看不到端倪。在第二次科学革命的影响下，人类社会发生了第五次技术革命即信息技术革命，现在正处于信息技术革命的后半段，信息技术加速扩散转移并大规模改造人类生产生活方式。下一轮技术革命预计将在2040年前后发生，可能包括信息技术的再次革命和新的能源技术革命。两次技术革命构成一次工业革命，我们正处于第三次工业革命的前半段。

关键词　科学革命；技术革命；工业革命

本文所指的科学、技术、工业，是指人类认识自然、改造自然并为人类自身服务的事业，是人类社会实践活动的产物。近代以来，其变化速度是历史空前的，对人类社会的影响也是巨大的，给人们一种其在不断“进步”，同时也驱动人类社会不断“进步”的深刻印象。不少学者认为，这三者都是通过“革命”的方式“进步”的。本文试对三者的“革命”趋势分别做简要分析。

一、关于科学革命趋势

1. 世界处于第二次科学革命的过程中

关于科学革命的研究，最具影响力的当属托马斯·库恩和伯纳德·科恩。本文采用的科学革命概念，与库恩使用的概念及科恩的狭义科学革命（大规模的科学革命）概念均相一致。

在人类科学探索历史的大部分时间内，科学探索一般遵循特定的科学范式，比如特定的一组信念，可能包括公理假设、定理体系、仪器设备、思维模式及研究方法等。科学革命，就是一种新的科学范式颠覆或替代旧的科学范式。科学革命的过程，是新的科学范式

* 作者简介：胡志坚．中国科学技术发展战略研究院院长，研究员。

从某一学科诞生，并向其他所有学科领域传播扩散同时驱逐旧科学范式，从而发展成为一种普遍的新科学范式的过程。

过去400年里，共发生过两次这样大的科学革命。第一次科学革命发生在16—18世纪，以哥白尼天文学革命为开端，以牛顿和伽利略为代表的经典力学体系的建立为标志。牛顿和伽利略的科学范式替代了托勒密和亚里士多德的科学范式。第二次科学革命发生在20世纪初期，以爱因斯坦的相对论和众多物理学家发展出的量子力学的诞生为标志。相对论和量子力学的科学范式替代了牛顿和伽利略的科学范式。

科学发展历史表明，科学是从自然哲学中分离出来的，而早期的自然哲学基本类似物理学，因此最初分离出来的被视为物理学，而其他化学、地质学等学科被认为是从物理学中分离出来的，故物理学一般被人们认为是“母科学”。一些社会科学也认物理学为“母”，模仿物理学的范式，譬如经济学。因此，物理学发生范式革命的影响有可能是规模最大、面积最广的。虽然生物学、化学等其他学科也有过可以看作本学科领域范围的范式革命，如热力学革命、进化论革命等，但都只能算是“小革命”，没有演变为广泛传播的、对所有科学知识生产范式产生颠覆式影响的“大革命”。总之，过去两次大的科学革命都是源于物理学。

当前世界科学研究前沿，仍然处于相对论和量子力学范式的统治下。我们的教科书还是在传播这个范式中的知识，研究生仍然在接受如何掌握这个范式的训练，有关引力波、黑洞的研究还是在验证相对论的假设，量子力学仍然是热点，多元宇宙、暗物质、暗能量更像是对现有范式的修补和完善，弦理论还在继承爱因斯坦未竟的难题。我们现在仍处于第二次科学革命的过程中。

2. 第二次科学革命的科学发现高峰期已过

科学革命的过程，是新范式创立和扩散传播的过程，是一种非线性过程。其似乎也遵循从报酬递增到报酬递减的演化周期，报酬指应用新范式重新解释自然现象或获得新的科学发现的数量与速度。新范式创立初期，面对的大多数科学家是在旧范式下成长起来的，受到质疑的声音多，扩散传播阻力大；随着越来越多年轻科学家的出现，传播速度加快，报酬递增加速；当各个学科的科学家都争相学习采用新的科学范式时，传播速度和报酬递增将进入拐点，进入传播速度降低和报酬递减阶段，直至最后传播达到最大边界和报酬接近于零。

本轮科学革命经过100多年的挖掘拓展，似乎已经越过了拐点（可能在20世纪后半叶），进入报酬递减期。现有范式下未开发的科学知识空间日渐枯竭，容易摘的“果子”几乎没有，大的科学发现日益减少。纯基础研究投入产出边际科学收益极低，一些前沿研究方向，不论是微观还是宇观，机会成本都巨大，投入巨额资金可能就是验证一个假设或者什么也得不到，科学前沿步入离科学回报越来越远的领域。近百年来，物理学家们孜孜不倦地追求发现统一理论，至今仍无进展。

新的科学革命未见端倪。有人说，19世纪末，科学的境遇与今天相似，然而紧接着到来的20世纪初就发生了科学革命。今天，是否意味着一次新的科学革命即将到来呢？

人们还没有看到任何基于科学实践的证据。

3. 应用科学竞争激烈

科学日益功利化。由于科学研究沿原有路径继续延伸越来越难以取得进展，越来越多的科学家转向交叉学科或边缘学科，以获得更高的边际报酬。早在 20 世纪中叶这种潮流就开始了，正如诺伯特·维纳那时指出的，在科学发展上可以得到最大收获的领域是科学的边缘区域。诺伯特·维纳的控制论正是处于边缘区域。然而这只是现有范式下知识体系的补充完善工作，是范式进一步向科学研究下游拓展的必然结果。越来越多的科学家将科学研究的重心向下游应用端移动，应用科学研究活跃、竞争激烈。量子力学、生物学的所谓基础研究越来越趋向技术开发研究；诺贝尔奖越来越像应用科学奖或技术科学奖。刘则渊（2019）通过计量分析认为，21 世纪以来的诺贝尔奖属于技术科学性质者：物理、化学和医学分别占四成、八成和七成；日本得奖属于技术科学性质者占八成（表 1）。这些成就都是 20 世纪取得的，说明那个时候这种重心下移的越势已经很明显了，也许将来哪一天会发现诺贝尔奖演变成了重大技术发明奖。

表 1　2000—2019 年诺贝尔奖得主的技术科学成就情况

		2000—2004 年	2005—2009 年	2010—2014 年	2015—2019 年	总计
物理学	获奖	15	13	12	14	54
	专利	5	8	7	2	22（41%）
化学	获奖	14	11	11	15	51
	专利	13	9	9	11	42（82%）
生理学或医学	获奖	13	13	12	12	50
	专利	8	12	5	10	35（70%）
日本	获奖	4	4	6	5	19
	专利	3	3	5	4	15（79%）

由于科学研究活动越来越接近人们的日常生活，通过技术前景和技术产业化的加速带给社会显著影响，人们感觉科学发展日益迅猛。

二、关于技术革命趋势

1. 世界处于第五次技术革命波的后半段

演化经济学或创新经济学对历次技术革命长波或周期进行了刻画。根据弗里曼（1997）和佩雷丝（2002）的研究，自 1780 年工业化以来共发生了 5 次技术革命，每次技术革命过程构成一次康德拉季耶夫波，大约延续 50 年左右。根据熊彼特（1939）的商业周期理论，一次康德拉季耶夫波可以简单分为前后两个阶段。前半段是主导技术群和新兴产业爆发、成长阶段，后半段是成熟、扩散阶段。在经济发展上表现为前半段是信用扩张，新兴产业快速成长和已有产业的规模扩张，后半段是信用紧缩，新兴产业日趋成熟和新技术对已有产业的渗透改造（图1）。

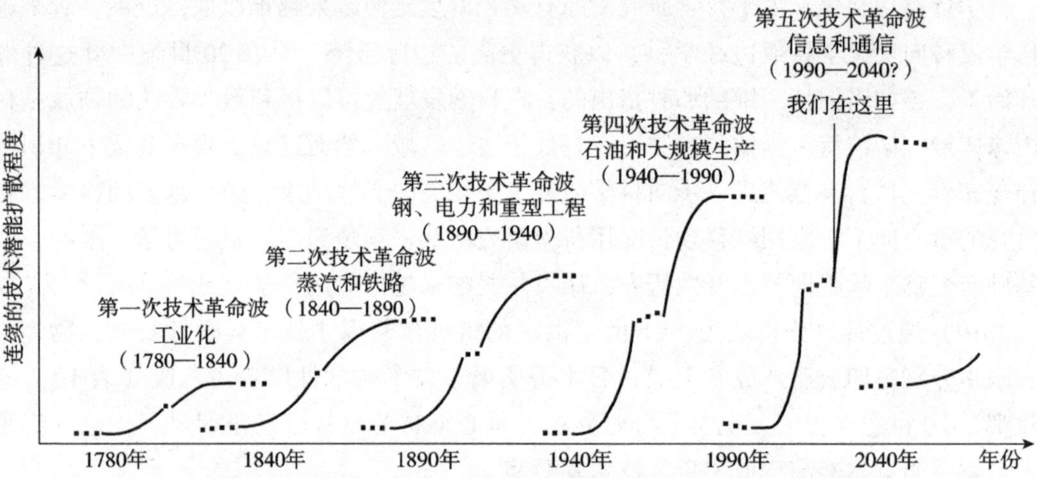

图1　工业革命以来连续的5次技术革命波

［参考弗里曼（1997）和佩雷丝（2002），John Schot（2017）制作］

技术革命的过程，与科学革命过程相似，是新的技术－经济范式创立和扩散传播的过程，是一种非线性过程，其遵循从经济报酬递增到报酬递减的演化周期。新范式创立初期，面对的大多数产业是旧范式下成长起来的，界面不友好，扩散传播阻力大；随着越来越多新企业采用新范式，新技术扩散速度加快，报酬递增加速；当各个产业争相学习采用新的范式时，扩散速度和报酬递增将进入拐点，进入扩散速度降低和报酬递减阶段，直至最后扩散停滞和报酬接近零，整个经济系统的结构得到进化，达到新的均衡。

第五次技术革命即信息与通信技术（ICT）革命，始于1990年前后，以50年为波长，2015年左右为中点，到2040年前后结束。我们现在已经进入这轮技术革命的后半段。

2. 信息技术加速改造人类生产生活方式

新技术－经济范式的扩散程度依赖于新技术（群或系统）的成长成熟程度，新技术的成长方式是新技术产业的发展。进入后半段，ICT及其产业经历了前期竞争发展已经成熟，自身发展趋近阶段极限①，进入ICT产业和使用ICT的门槛大幅降低，其潜能开始加速向其他经济部门横向扩散，信息技术革命迈入全面扩散的“拓展区”。

在产业技术创新方面，这种扩散表现为信息世界向物理化学世界、生命世界等的渗透融合，产生杂交、变异的技术及产业种群，如电商、网联汽车、产业互联网等，带来难以预期的新技术、新业态和新商业模式，技术创新竞争进入“新水域”或“无人区”。这种渗透融合需要桥接型技术的协助，如5G、人工智能、区块链、大数据、云计算、物联网、人机结

① 阶段极限是指一轮周期内技术所能达到的最大边界极限，如摩尔定律趋近极限。这个极限只有通过下一轮技术革命才有可能突破。

合技术等。技术融合产生新的经济形态，如数字经济、大数据经济、共享经济、智能经济、物联网经济、计算经济、智慧医疗、智慧城市等；商业或创新组织也会嬗变，如网络化、虚拟化，大众创新、协同创新、分布式创新等。这些都是已经发生的，未来还会有新的形式不断产生，因为融合杂交每进入一个新的部门都会产生新的形态，且都是不可预见的。

虽然此阶段 ICT 自身发展速度放缓，但因为渗透融合速度加快，应用场景越来越多，人类生产生活方式受到更大面积的直接影响，给人们的感觉反而是技术进步一日千里，似乎开始了新一轮技术革命。

3. 第六次技术革命前瞻

信息技术基于量子力学原理，是第二次科学革命进入应用领域的产物。第五次技术革命是第二次科学革命引发的第一次技术革命。这可能意味着第一次科学革命赋予人类新技术革命的潜能已近枯竭，未来的技术革命将由第二次科学革命统治。第六次技术革命大概率仍然将是基于量子力学的。

信息技术革命是首次替代人的脑力劳动的一次技术革命，这是与前四次技术革命替代人的体力劳动的不同之处。这意味着，信息技术革命开辟了工业技术文明的一个新纪元。虽然替代体力劳动的技术仍然会继续发展进化，但以后的技术革命将可能是沿着替代人的脑力劳动的方向前进，并使得替代体力劳动的技术更加全面和高效。

技术革命与能源关系密切。现代工业文明是一种能源资源密集型文明。不论是技术革命还是工业革命，每一次革命都会导致人类生产生活方式的能源资源密集度大幅提高。正是对外部自然界能源的大量获取，人类社会系统才能实现熵减，得以打破均衡，沿着工业文明路径持续进行结构演化。因此，从这个意义上讲，工业技术都是能源型技术，要么是能量供应类技术，如蒸汽机、汽油发动机、电厂，要么是能量耗散类技术，如纺织机、汽车、计算机。自然界的能源通过能量供应类技术转化为能量，能量再通过耗散类技术传播耗散，塑造人类社会的新结构，因此，能源的获得是技术革命的前提，技术的演化又会要求获得更高密度、更高生产率的能源，两者相互制约、相互促进，或者互为瓶颈、互为条件。由此推论，技术革命的发生应该是在能量供应类技术革命和能量耗散类技术革命之间轮转的。信息技术是耗散类技术，随着信息技术不断向智能化、无人化演进，能量供应类技术将成为瓶颈，呼唤着新的能源技术革命。因此，第六次技术革命应该包含能量供应类技术革命或能源革命。

综上所述，第六次技术革命很有可能包括两个方面，即信息技术的再次革命和新的能源技术革命，或者两者的结合。爆发的时间节点可能在 2040 年前后。

三、工业革命趋势分析

1. 工业革命与技术革命的关系

工业革命指工业化范式的革命，如“机械化”，因此其与技术革命关系紧密。技术革命是在工业生产中发生的，因此工业革命应该包含了技术革命，当然工业革命还有其他丰富的内容。

根据前述技术革命与能源的关系，一次工业革命并不只包含一次技术革命，至少应该包含两次，即一次能量耗散类技术革命和一次能量供应类技术革命。这与里夫金的观点是不同的。经济史学家（如图泽尔曼、钱德勒）倾向于将第一次和第二次康德拉季耶夫长波合称为“第一次工业革命”①。根据前面的分析，第一次康德拉季耶夫长波是纺织机带来的能量耗散类技术革命，第二次康德拉季耶夫长波是以蒸汽机为代表的能量供应类技术革命。因此，一般认为纺织机开创了“机械化”工业革命，蒸汽机将“机械化”的威力完全发挥出来。在评价蒸汽机对第一次工业革命的贡献时，兰德斯写道：“没有比人类和动物所能提供的能量更大的、不受无常自然影响的动力来源，那么，集中于大规模生产单位的机械工业的发展将是不可能的……煤和蒸汽没有创造工业革命，但其却使工业革命的非凡发展和扩散成为可能。”（Landes，1969）但是，如果没有之前水力机械的革命，如18世纪50年代约翰·斯米敦发明的中射式水轮，第一次康德拉季耶夫长波中的纺织机及沿河流建立的机械化工厂是得不到足够动力驱动的。自中世纪以来，水力机械一直是欧洲制造业的一个重要组成部分（Landes，1998）。贾根良（2014）总结历次工业革命与技术革命规律性的关系：工具机的革命总是首先发生在历次工业革命的前半段，从而成为历次工业革命的起点或标志，而与其相对应的能源革命总是发生在该次工业革命的后半段，并在下一次工业革命的前半段作为动力方面的主导产业继续发挥作用。

2. 现在处于第三次工业革命上半期

弗里曼（2001）按照经济史学家的方法，认为第三次和第四次康德拉季耶夫长波构成了第二次工业革命，现在发生的变化是第三次工业革命。按照这种方法，可以在图1的基础上作图2。

一次工业革命包含两次技术革命，时长约100年左右。近代工业化以来，共发生了3次工业革命，分别是“机械化”革命、“电气化”革命和“信息化”革命。现在处于第五次技术革命的后半段，第三次工业革命的前半段。当第六次技术革命完成时，即2090年前后，第三次工业革命才算完成。

参考文献

[1] 科恩. 科学中的革命 [M]. 鲁旭东，等译. 北京：商务印书馆，1998.

[2] LANDES D S. The unbound prometheus：technological change and industrial development in Western Europe from 1750 to the present [M]. Cambridge：Cambridge University Press，1969.

[3] 戴维·S·兰德斯. 国富国穷 [M]. 门洪华，等译，3版. 北京：新华出版社，2010.

[4] 克里斯·弗里曼，弗朗西斯科·卢桑. 光阴似箭：从工业革命到信息革命 [M]. 沈洪亮，译.

① 转引自弗里曼等（2001）。

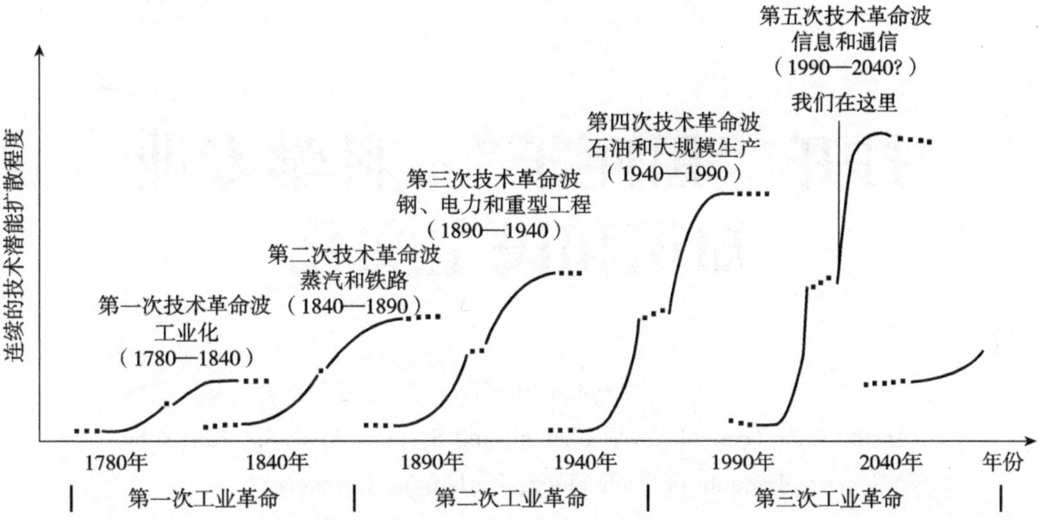

图2　3次工业革命与5次技术革命划分

北京：中国人民大学出版社，2007.

[5] FREEMAN C，SOETE S. The economics of industrial innovation [M]. London：A Cassell Imprint，1997.

[6] 贾根良. 第三次工业革命：来自世界经济史的长期透视 [J]. 学习与探索，2014 (9)：97－104.

[7] SCHUMPETER J A. Business cycles：a theoretical，historical，and statistical analysis of the capitalist process [M]. New York：McGraw-Hill，1939.

[8] 托马斯·库恩. 科学革命的结构 [M]. 金吾伦，胡新和，译. 3 版. 北京：北京大学出版社，2012.

[9] 杰里米·里夫金. 第三次工业革命：新经济模式如何改变世界 [M]. 张体伟，孙豫宁，译. 北京：中信出版社，2012.

[10] 刘则渊. 中华民族的科技强国梦：愿景·挑战·策略 [C] //大连理工大学，中国科学院大学，台湾清华大学. 第七届海峡两岸科技管理学术年会论文集. 大连，2019.

[11] 卡罗塔·佩雷丝. 技术革命与金融资本 [M]. 田方萌，胡叶青，刘然，等译. 北京：中国人民大学出版社，2007.

打开“黑匣子”：科学专业知识和民主文化

Stefan Böschen*
（Institute for Technology Assessment and Systems Analysis，Karlsruhe Institute of Technology，Karlsruhe，Germany）

摘　要　技术创新经常引发关于其机会和风险的争议，同时也会引发不同专业知识的竞争与对立。尽管风险决策中存在非知识问题，本文试图提出如何通过共识构建和不同的专业知识来获得（相对）无争议的专业知识的问题。本文认为回答这一问题需要打开科学专业构建的“黑匣子”；只有增强我们对专业知识的了解并创造了新形式的元专业知识，才会成功打开“黑匣子”。基于“公民认识论”的理论基础（Jasanoff，2005b；Miller，2005）和REACH的案例，本文提出了3个知识限定词，使我们能够比较不同知识来源的专业知识，以建立元专业知识。

关键词　民主文化；技术统治论；公民认识论；元知识；科学专业知识化

1　引言：对元专业知识的需要

现代世界以创新为源泉。然而，技术创新往往给环境或人带来一定的风险，因此经常引发有关其实施和使用的争议。处理这些冲突的传统范式主要是技术统治论，可以概括为“傲慢的技术”（Jasanoff，2005）。然而，在过去10年中，尽管创新的机会和风险并存，参与和情境化已经越来越像是解决此类冲突的神奇公式，同时保证预防和控制。由于这些新形式的知识和新的治理形式的出现，我们才能够向技术进步的民主控制迈出一步。

因此，与处理这些冲突的传统模式相反，希拉·贾萨诺夫（Sheila Jasanoff，2005a）提出建立“谦卑的技术”。其有4个方面的特点：“框架”“脆弱性”“分布”“学习”，目的是“清楚无法预料的后果的可能性；明确潜藏在技术范围内的规范；并从一开始就承认需要多元观点和集体学习”（Sheila Jasanoff，2005a）。尽管如此，“傲慢的技术”仍然具有影响力，并通过诸如“可靠科学”或“循证科学”等标签来主导公众辩论，这些标签用

---

* 作者简介：Stefan Böschen，德国卡尔斯鲁厄理工学院技术评估与系统分析研究所教授。
翻译：韩秋明。感谢作者的翻译授权。

于稳定技术统治论思想和制度化。所谓的“本体论”研究也强调了这一方面（Oreskes et al.，2010；Proctor，2011），对非知识的战略使用提供了一些有益的见解。他们利用烟草业和气候变化问题的案例揭示了经济参与者如何率先努力减少非知识，但其基本目标是排斥监管工作，理由是还没有足够的知识来制定合理和有根据的规范。瓦解这套策略是相当困难的。

在此背景下，必须解决关键问题：即如何通过构建共识和不同的“专业知识”来获得相对无争议的专业知识，从而为行动和展现监管潜力创造强大动力——尽管“事实不确定，价值观有争议，风险高，决策紧急”（Ravetz，1999）？如何建立不同形式的专业知识？以及如何结合它们？如何决定遵循哪些专业知识？

本文试图回答所提出的问题，认为这需要开启科学专业知识构建的“黑匣子”；只有增强我们的专业知识并创造新形式的元专业知识，才能成功开启“黑匣子”。必须把元专业知识视为认知和文化价值之间的联系。因此，其允许以问题为中心的不同“专业知识”的评估进行政治辩论。笔者提到的“元专业知识”与哈里·柯林斯（Harry Collins）和罗伯特·埃文斯（Robert Evans）在其文章“Re-Thinking Expertise”中所阐释的整体研究有关。其中，柯林斯和埃文斯构建了一个“专业知识周期表”（Ravetz，1999），对所有不同的专业知识来源进行分类——包括各种形式的隐性知识和元反思。

笔者想从一个更温和的尝试开始。一个精心挑选的起点应该使我们不仅可以重建文化价值观与认知价值观之间的联系（Kitcher，2011），也应是与辩论问题的实证联系。因此，根据科学哲学家胡比希（Christoph Hubig）的观点，笔者认为元专业知识应该从区别3个维度开始：标准、指标和可观测量，以及它们之间的联系（Böschen et al.，2013）。该组合可以用作思考元专业知识的启发式方法。“元专业知识”允许对不同的“专业知识”及对它们进行加工的社会形态进行批判性评估。在本文中，笔者将重点关注所提问题的认识论方面。尽管如此，我们必须牢记，民主文化的发展取决于创立一些能够使大众参与，具有情景化、社会影响力和合法性的机构。元专业知识的有效性取决于其制度嵌入。没有制度化，就没有民主文化的发展。

本文的结构如下：第一步，笔者想介绍概念框架，参照“公民认识论”的概念，其主要是由希拉·贾萨诺夫（Sheila Jasanoff）和克拉克·米勒（Clark Miller）引入讨论。通过在釜山（2010）实施IPBES（生物多样性和生态系统服务政府间平台）流程，提出一个让笔者印象深刻的观点——一种知识—政治形式的观点——笔者将关于公民认识论的思想与前面提到的元专业知识（标准、指标、可观测量）的方面结合起来（第2章）。第二步，笔者将重点关注一个案例研究，即关于欧盟内部化学品新法规REACH（化学品注册、评估、许可和限制，2007）的辩论和实施。因此，笔者重新构建了关于元专业知识（标准、指标、可观测量）的3个知识要素组合实施预防原则的问题（第3章）。在此基础上，笔者提出了一些想法，以概括这些观点，并通过重新分析技术评估的挑战（第4章）得出一些结论。

2 公民认识论与元专业知识的概念

笔者将从一些概念上进行思考。笔者的论证是基于“公民认识论”的概念的（Jasanoff，2005b；Miller，2005）。希拉·贾萨诺夫和克拉克·米勒以非常相似的方式定义了这个概念，但在优先级方面存在有趣的差异。这两个定义分别如下。贾萨诺夫在她的著作《自然设计》中写道：“公民认识论指的是一种制度化的实践，通过这种实践，特定社会成员测试和利用各种知识观，作为集体选择的基础。”（Jasanoff，2005b）在这一定义中，重点是知识处理的制度方面。米勒强调公民认识论的另一个方面，即：“实践、方法和制度过程，社区通过这些方面确定新的政策问题，生产与其解决方案相关的知识，并将这些知识用于决策。”（Miller，2005）米勒主要针对实践中的情况开放性进行研究。公民认识论中的社会、认知和时间动态是允许打开“黑匣子”的过程。因此，可以对不同知识源产生的异质性进行排序，并且可以创建用于处理不同形式的专业知识的制度环境。

以 IPBES 为例，我们可以看到公民认识论形成和建立的伊始（Brand et al.，2013）。该平台是为加强科学与生物多样性政策之间的联系，作为独立的政府间科学政策互动平台而建立的。经过 7 年的磋商和谈判，IPBES 最终于 2012 年 4 月成立。由于过程非常复杂且多面，笔者想通过 2010 年 6 月举行的 IPBES 釜山会议的两个摘录来阐释观点。其中一段摘录来自开幕词，另一段摘自所谓的《釜山成果》。阅读这些摘录的指导性问题是：需要什么知识？我们先看 Achim Steiner（联合国环境规划署）于 2010 年 6 月 7 日发表的开幕致辞，他在开幕词中说道：

“发展和经济生活，通过可靠、坚实和无可争议的科学才有可能实现。纳入不同方法的科学，涵盖了所有可用的知识基础，包括传统知识，并从地球的各个角落获取最佳可用数据，以便得出有意义和可行的结论。”

这次演讲中提出了哪些不同的社会和认知需求？关于社会需求，施泰纳提到了关于科学本身质量的两个方面，即可靠和坚实的科学。此外，科学所产生的知识必须保持可用性，预期可用性越高，冲突率越低。因此，必须是无可争议的科学。最后，科学必须能得出有意义且可行的结论，但也存在认知需求。科学必须列出不同的方法，这使科学面临各种学科的异质性。但此外，知识必须具有跨学科的基础，因为施泰纳认为知识必须包含所有可用的知识库——也包括非科学知识库。最后，知识必须引入最佳可用数据，无论在何处生成或由谁生成。这是一个相当大的挑战！

比较一下开幕词中的陈述与最终成果类文件中的陈述——现在又需要什么样的知识呢？

“新平台应定期、及时地评估有关生物多样性和生态系统服务及其相互联系的知识，其中应包括全面的、全球的、区域的、必要时的次区域评估和适当规模的主题问题，以及科学确定的新主题和全体会议决议。这些评估必须经过同行评审，具有科学可信度、独立性，并且必须确定其不确定性。应该有一个明确透明的分享和纳入相关数据的过程”。（2010 年《釜山成果》，第 3 页，重点补充）

毫不奇怪，科学是通过识别确定新主题来管理评估过程并制定框架。强调了保证知识方法检验质量的科学程序，即同行评审程序和科学的制度化独立性。

事实上，似乎没有其他形式可以替代建立科学信誉的既定社会形式——但其影响是什么？主要是其他形式知识的定位，如地方性知识，仍然不甚明晰。在这个过程中，地方性知识的系统性定位是什么？举一个例子，关于当地生物多样性知识的重要性：雨林巫师的定位？——他们的同行评审程序是什么？系统地说，科学和地方性知识之间缺乏对称性。但是如何处理这种矛盾，或者更确切地说，如何解决这种冲突？

在此背景下，笔者将提出用于构建元专业知识的启发式方法，即对标准、指标和可观测量的反思。这 3 个知识限定词可以定义如下：标准根据主要文化价值或利益来评估指标；指标代表与效果相关的问题方面，应该考虑或解决；可观测量则是通过提供经验观测数据或测试策略的指定方法来使指标具体化。我们为什么要这样做呢？笔者的论点是，该方案允许阐明不同论点或实验性证据与哪些层面相关。因此，其使我们能够根据问题的描述对任何类型的知识进行分类。这即在化学品的监管上进行测试，其中公民认识论在很长一段时间内才形成，然而在过去几年中又重新进行了定位。那么发生了什么呢？

3 公民认识论凝结成果：化学品管理条例

自“科学产业”兴起以来，化学品监管一直是一个重要问题（Böschen，2014）。因此，这种公民认识论已经建立（具有其特定的网络和合作架构），因此变化不太可能发生并且也难以实现。令人惊讶的是，21 世纪初就发生了变化。经过 10 年的公共政治辩论，一项新的欧洲化学品法规——REACH（化学品注册、评估、许可和限制）于 2007 年成立。于此，有很多方面值得一提。但针对元专业知识的必要性的论点，笔者将集中讨论最相关的方面，提及的所有方面都与有关决策及其转变的知识基础的问题有关。预防原则的概括使“低剂量，高风险？”（EEA，1998）问题成为就重新调整监管的辩论的重要刺激因素。一个主要方面是监管机构开始意识到全面测试策略已陷入僵局。全面测试策略旨在说明与某种化学品相关的所有风险，并确定该化学品是否有害。但是，人们越来越深刻地认识到，化学品风险既无法详尽描述也无法预测，因此将监管完全基于明显的环境破坏或众所周知的对人类健康的影响毫无意义。相反，其表明有必要找到可以考虑不同程度的实验性证据的策略。因此，不仅需要加速风险知识的产生（即以最少的知识做出“更好的”决策），而且还需要引入新的指标来支持预防措施。

关于全面测试策略的局限性：从 1981 年的 10 万种工业化学品开始，1997 年只完成了 10 份评估报告，2004 年完成了约 100 份评估报告。Sven Hansson 和 Christina Ruden（2005）相应地指出了全面测试策略需要耗时 5000 年来纳入所有注册的化学品。就科学和研究而言，这听起来非常好——但就监管而言，这意味着一场灾难。因此，一个重要目标是尽量减少获得法律规定信息所需的资源。因此，白皮书于2001年出台，为新立法制定了几项主要目标：①有害物质排放的时间限制；②生产者责任；③预防原则的应用指南；④风险评估的成本应由行业资助；⑤PBT指标的定义——类似于CMR物质。范式转换隐藏在抽象公式PBT = CMR中。PBT代表以下指标："持久性""生物富集""毒性"。CMR代表以下指标：化学物质的"致癌性""致突变性""生殖毒性"。为什么PBT = CMR这个等式意味着范式的转变？如图1所示。

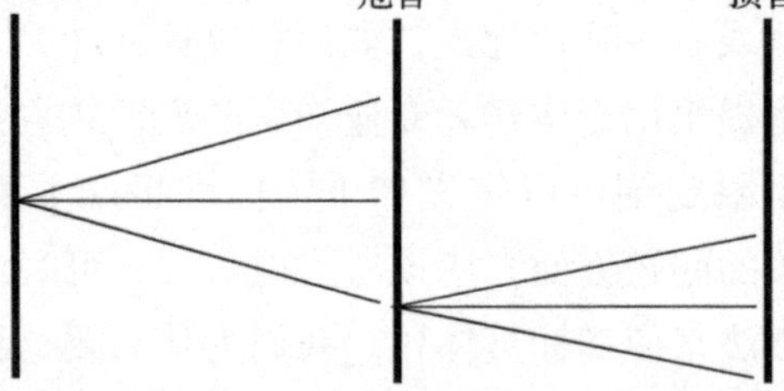

图1　危害与损害的不同层面（Scheringer，2002）

在这里，我们可以看到该领域预防原则的出现（Scheringer，2002）。如图1所示，在风险考虑中需要处理不同的级别。第一级（潜在危害）涉及化学物质的排放，无论是作为产品本身还是作为不需要的副产品。第二级（危害）暴露，人类或某些物种暴露于单一物质或混合物质中，可能会受到伤害。第三级（损害）指由某种化学物质引起的可观察效果的实际伤害。REACH之前的策略旨在确定与某种化学品相关的所有损害，并确定该化学品是否有害（全面测试策略），因此重点放在描述详细影响的指标上。但就预防措施而言，用于描述风险情况的一套指标已经扩大。此外，重点从损害程度转移到危害程度：PBT指标是危害指标，而CMR指标是损害指标。必须将这种转变视为一场革命。几十年来，只有找到证明存在真正危险的证据才能实施监管。如今，指出可能的伤害，便可以实施监管。

这种范式转变伴随着制度创新。有关体制程序的两项主要创新产生了。第一项创新是在赫尔辛基建立一个新的行政单位，即欧洲化学品管理局（ECHA）及相关的行业和行政部门之间的职能分工的重组，数据生产的责任从行政机构转移到了行业。化工行业现在负责满足数据需求，而新成立的ECHA负责控制是否完全满足数据要求。第二项创新是一个新的风险——知识生产和共享系统的设计。由此，一条风险知识生产链就建立了起来。这个新系统与另外两项创新相关。首先，沿着从生产者到下游用户的制造链，创建了分享知识和产生风险知识的平台。因此，上游生产者（化工厂）与下游用户分享他们的知识。但是，用户还可以从特定化学品的情景化中收集知识，并将他们的看法传达给生产者。其次，该系统与风险知识阈值的标准化相结合。化学物质的注册取决于具体参数的满足（指导原则：“没有数据——没有市场”）。由于存在大量与知识生产和共享相关的复杂问题，因此建立了所谓的 RIP（REACH 实施项目）。这些项目旨在确定用于测试化学品的最佳工具，并将不同来源的数据结合起来，以绘制“连贯的画面”。

该系统看起来似乎是完美的——但有一些非常重要的限制值得更详细地反映出来。一个检验标准位于特定标准、指标和可观测量的水平上；另一个在欧洲化学品管理局（ECHA）收集风险相关知识的社会组织层面。正如笔者在概念框架的描述中所提到的，3 个维度之间的区别似乎是分析知识建立决策过程的有用工具。关于 3 个知识限定词：标准、指标和可观测量，REACH 引发的化学政策领域的公民认识论转型是否成功，针对这一主要问题可以做出如下回答。已经取得了一些重要的创新：新的标准，如预防原则或对统一系统解决方案的愿望，发展和构建了知识建构进程。为了支持这些标准，针对这些标准强调了新的具体指标：持久性、生物富集（在某种程度上，空间范围）。然而，关于 REACH 过程中可观测量的问题仍然没有答案。新立法的指导原则“没有数据——没有市场”实现了吗？我们看一看“黑匣子”。

为了回答有关 REACH 过程中可观测量的问题，笔者将分析 4 个层面：①立法的制度层面：法律本身中可观测量的固定设置是什么？定义的可观测量是否支持 PBT 分析？②PBT 相关数据存在的实际水平：我们是否有足够的数据？③工业界与行政部门之间的沟通水平：行政部门掌握的行业生产数据是否得到了充分阐述？④管理水平：ECHA 以何种方式组织数据库并进行最终评估？

（1）立法制度层面。为了彻底分析这一层面，我们必须仔细研究 REACH 的附录（Scheringer et al.，2006）。REACH 的附录Ⅶ至Ⅹ定义了不同吨位水平的数据需求。吨位水平是指化学品的年产量。这背后的思想是，化学品的产量越高，即使在尚未观测到它们的情况下，产生不利影响的可能性就越高。此外，关于测试成本，将测试量（及生产成本）与生产量联系起来似乎是合理的。因此，不同的 PBT 相关数据需求随着产量的增加而增加。有每年 1～10 吨、10～100 吨和 100～1000 吨 3 个吨位水平，不同的 PBT 可观测量详见 REACH 的附录ⅩⅢ（Scheringer et al.，2006）。有趣而重要的一点是，所需数据与可观测量的比较表明，PBT 指标只能在每年至少 100 吨的生产水平上得到支持。但只有 10% 的化学品属于这一类，这也是因为该行业反对某些测试以降低成本。一个例子是水蚤的长期毒性测试，只要达到每年一吨的产量，早期的法律草案就要求强制执行该测试（在特定情况下）。但是，在目前的版本中，该测试仅需要在吨位水平达到 100 吨的情况下进行。在此背景下，在化学品注册后进行完整 PBT 评估的最初目标就被放弃了。如此广泛的 PBT 评估与法律最终版本中接受的标准不一致。

（2）PBT 相关数据的可用性。生产和使用中约有95 000种工业化学品。似乎很显然，获取所有化学品的完整数据集是不切实际的期望，但数据的可用性如何，特别是与新建立的指标相关的数据呢？与其中一项指标有关的数据仅适用于 2663 种化学品。只有 91 种化学品与 3 种指标有关（与工业中使用的95 000种化学品相比）（Strempel et al.，2012）。

（3）行业要满足的数据需求。由于新立法，ECHA 必须依赖该行业。这引发了新的控制问题，如 ECHA 2011 年的进度报告所示（Gilbert，2011）。ECHA 监管事务主管 Jukka Malm 表示："行业并未对数据质量承担全部责任。"更确切地说，报告指出："许多化学品安全评估的质量值得关注。"特别是为证明他们使用交叉参照方法并避过额外的安全测试，行业提出的科学论证的质量是不够高的，报告对此进行了批评。德国科隆的毒理学家塞巴斯蒂安·霍夫曼（Sebastian Hoffmann）是 REACH 的行业顾问，他表示企业似乎在解读 REACH 需求即填补数据空白方面具有"创造性"。因此，似乎还有很大的改进空间。

（4）ECHA 的工作惯例怎么样？可以注意到一个重要的趋势，即放弃广泛的标准测试程序以支持针对特定物质的方法的策略（Ahlers et al.，2008）。这一策略得到了各种论据的支持：一方面，物质可以通过其特定属性来表征；另一方面，可用数据是有限的且变化很大。但是，没有创建程序来组合异构知识资源，也没有具体说明如何确保用不同方法实现的结果的可比性。因此，以下问题尚未得到解答：什么样的专业知识可以对不同的评估进行分类？

第一个结论显而易见，令人沮丧：尽管关于新标准和相关指标的创新产生了，然而需要的可观测量并没有以适当的方式进行配置（主要问题：数据需求不足、测试策略失败、处理可观测量问题）。第二个结论可以进行解释：尽管已经就这套指标达成了一致，但该战略失败了。这些指标根据预防原则进行了重组，因为这是欧盟环境法的指导原则。但并未考虑是否需要适当的可观测量范围及可观测量和指标之间的联系。主要问题不是没有可观测量或有限的数据，而是基于行业的标准与预防原则之间存在持续的冲突。随着冲突下移到可观测量水平，预防原则就遭到了反对。欧盟官僚机构未能明确界定 PBT 分析所需的指标和相关的可观测量。因此，没有明确的策略来满足行业的成本论据。结果是戏剧性的：法律上，欧盟追求预防政治，而事实上欧盟却无法执行。

4 元专业知识的使用及其对技术评估的关联性

从这个具体案例中可以得出什么结论，以获得关于如何构建标准、指标和可观测量的工具集并将其用作元专业知识的一些更一般的构想？这看起来似乎是一个相当微不足道的起点——但牢记现实世界的问题非常复杂，这一点至关重要。这意味着，首先有许多指标，甚至更多的可观测量来描述它们。通常，这些指标是政治冲突的一部分（"指标政治"）。不同的参与者通过将问题的特定部分阐述为最重要的方面来进行斗争。因此，冲突可以重建为不同指标之间的冲突及基本标准之间的冲突。但是，冲突还可以转变为可观测量的水平——在许多情况下选择的策略。这是因为这种转变通常意味着问题的去政治化和技术化。此外，即使对指标达成共识，可观察量仍可能不明确或有争议。

为了厘清这些复杂的环境，元专业知识至关重要。如上所述，提到的 3 个知识限定词很有用，应用 5 步程序可能证明是有益的。第一，重要的是阐明给定的不同指标来描述问题。它们在什么意义上代表一个问题？选定指标的具体假设是什么？第二，这些指标将结合其代表特定利益的相关标准来描述。基本价值观是什么？这些价值观可以是一般化的还是具体的（如组或特定分支）？第三，评估指标与相关可观测量之间的一致性。此外，应考虑每一个有意义的可观测量，即使尚未与指标相关联。第四，有必要将指标理解为不同知识文化（认知文化为特例）的代表及其价值观。第五，我们必须制定与决策问题有关的不同指标。这意味着问题的集体构建层次结构不仅应包括被视为与描述问题相关的不同指标的层次结构，还应揭示指导该特定层次结构"构建"的关键标准。

下一步进行什么？通常，当问题变得更加复杂时，其指标集也在扩展。在环境化学的案例中，致癌性等指标得到了持久性等指标的补充。得出这一结论非常具有挑战性，因为当问题描述复杂性较高时，很可能无法就相关指标达成一致意见。为了概括这些观点并为其他案例学习一些东西，在面对复杂问题时讨论两个一般策略可能会有所帮助。这些理想的典型（因此是抽象的）策略可以描述如下。

策略 1：转变到可观测量水平并提高观测密度（例如，"一般监测"，发布后监测转基因生物的情况）。关键在于，在许多情况下，我们一般都知道某些事情（在指标层面上），但很难清楚这些指标如何由特定的可观测量形成。在这种背景下，策略 1 试图了解问题本身及其可以（或应该）被科学理解的方式。关于这一点，重要的是将不同学科推广的不同方案映射到具有特定可观测量的选定指标。为了实现策略 1，有必要改进对跨学科问题的共同观测，并确保包含并充分考虑任何与其特定可观测量相关的相关学科。总之，通过研究可以解决将问题转化为可观测量水平及由尚未解决的概念问题所引发的矛盾冲突，而概念问题与指标相关。

策略 2：转变为标准水平，并建立一个特定的体制框架，以处理非知识、歧义和矛盾心理。该策略试图将知识冲突转化为定义的知识生产过程。因此，该策略将重点放在解决问题的结构和社会学习过程的边界条件上。这种策略的主要目标是通过重新组织解决问题的制度环境来增强"公民认识论"，同时为更好地处理植根于不同标准环境的政治冲突提供机会。虽然关于框架值的争议尚未解决（因为其可能永远得不到解决），但该策略提供了维持决策过程的方案。此外，另一个重要方面是有机会在决策过程中揭示潜在标准及其价值。在这方面，该策略提供了提高决策透明度的方案。

有了这些设想的一般策略，笔者想提出一些结论和看法。首先，关于概念考虑和实证研究结果，可以使用所提到的知识限定词建立元专业知识：标准、指标和可观测量。该集合对于重建关于其理论策略和经验实践的不同知识观点有帮助。认知文化（如分子生物学或高能物理学；Knorr-Cetina，1999）可以通过其配置标准、指标和可观测量的具体方案来表征。因此，元专业知识可以阐明哪种知识产生于哪种认知文化。但最重要的一点是提供有关指标和现象之间关系的专业知识，以便进行观测和分类。并且对于重建不同参与者所追求的"指标政治"也是有用的。元专业知识可以通过突出相关的争议方面来揭示每个（集体）行动者的"选择性实证主义"。因此，元专业知识将价值观与实证观点联系起来，并使人们能够就避免哪些危险及需要进行哪些创新进行政治辩论。

从这个意义上说，这种形式的专业知识是民主文化发展的基本构成要素，因为其使得人们能够就决策知识进行政治辩论。在此过程中，技术评估（TA）需要完成一些重要的任务：其可以帮助建立上述形式的元专业知识。技术评估在观察不同实践和分类不同类型的知识来源及其系统形式方面具有出色的专业知识。技术评估可以揭示指标与其标准及指标和可观测量之间的联系。这对于就问题进行政治辩论和避免技术统治是必要的。技术评估可以就是否遵循策略1（加强跨学科共同观测）、策略2（增强公民认识论）或两者兼而有之提出建议。

最后，以这种方式理解的技术评估可以作为 Roger Pielke（2007）意义上的“调解人”：“政策选项的调解人不会简单地寻求更好地将科学结果传达至决策者，或倡导单一的‘最佳’行动方案，而是要发展将科学纳入政策背景的能力…就广泛的政策选择对科学的重要性提供独立指导的义务。”

参考文献

[1] Ahlers, J.; Stock, F.; Werschkun, B., 2008: Integrated testing and intelligent assessment - new challenges under REACH. In: Environmental Science and Pollution Research 15, pp. 565 - 572

[2] Böschen, S., 2014: Hybride Wissensregime. Baden-Baden (forthcoming)

[3] Böschen, S.; Hubig, C., 2013: Reduktion von fragiler "Evidenz" durch Laien? Untersuchungen zur Wissensmodellierung durch Indikatorenpolitik am Beispiel der Konfliktfelder Umweltmedizin, Nachhaltiger Konsum und "Smart Home". Karlsruhe/Darmstadt (grant application at the DFG, 19pp.)

[4] Brand, U.; Vadrot, A. B. M., 2013: Epistemic Selectivities and the Valorisation of Nature: The Cases oft he Nagoya Protocol and the Intergovernmental Science-Policy Platform for Biodiversity and Ecosystem Services (IPBES). In: Law Environment and Development Journal 9, pp. 202 - 220

[5] Collins, H. M.; Evans, R., 2007: Rethinking Expertise. Chicago/London EC (European Commission), 2001: White paper for a Future Chemicals Policy. Com (2001) 88 final. Brussels; http://eur-lex. europa. eu/LexUriServ/site/en/com/2001/com2001_0088en01. pdf (download 10. 07. 2006)

[6] EEA (European Environment Agency), 1998: Chemicals in the European Environment: Low Doses, High Stakes? Copenhagen (Environmental Assessment report, No. 10)

[7] Gilbert, N., 2011: Data gaps threaten chemical safety law. In: Nature 475, pp. 150 - 151

[8] Hansson, S. O.; Rudén, C. (eds.), 2005: Better chemicals control within REACH? Stockholm

[9] Jasanoff, S., 2005a: Technologies of Humility: Citizen Participation in Governing Science. In: Bogner, A.; Torgersen, H. (eds.): Wozu Experten? Ambivalenzen der Beziehung von Wissenschaft und Politik. Wiesbaden, pp. 370 - 389

[10] Jasanoff, S., 2005b: Designs on Nature. Princeton

[11] Knorr-Cetina, K., 1999: Epistemic Cultures. How the sciences make knowledge. Cambridge

[12] Miller, C., 2005: New Civic Epistemologies of Quantification: Making Sense of Indicators of Local and Global Sustainability. In: Science, Technology & Human Values 30, pp. 403 – 432

[13] Oreskes, N.; Conway, E., 2010: Merchants of Doubt. New York

[14] Pielke, R. jr., 2007: The Honest Broker. Making Sense of Science in Policy and Politics. Cambridge, MA

[15] Proctor, R. N., 2011: Golden Holocaust. Origins of the Cigarette Catastrophe and the Case for Abolition. Berkeley, CA

[16] Proctor, R. N.; Schiebinger, L. (eds.), 2008: Agnotoloy. The Making und Unmaking of Ignorance. Stanford, pp. 1 – 33

[17] Ravetz, J., 1999: What is post-normal science. In: Futures 31/7, pp. 647 – 653

[18] Scheringer, M., 2002: Persistence and Spatial Range of environmental chemicals. Weinheim Scheringer, M.; Böschen, S.; Hungerbühler, K., 2006: Do we know more or less about Chemical Risks under REACH? In: CHIMIA 60, pp. 699 – 706

[19] Strempel, M.; Scheringer, M.; Ng, C.; Hungerbühler, K., 2012: Screening for PBT Chemicals among the "Existing" and "New" Chemicals of the EU. In: Environmental Science & Technology 46, pp. 5680 – 5687

创新的技术评估通用方法

Adam Mazurkiewicz　Beata Belina　Beata Poteralska　Tomasz Giesko　Wojciech Karsznia*

(Institute for Sustainable Technologies-National Research Institute, Radom, Poland)

摘　要　用于监测与评估研究项目的先进方法的开发和应用是知识转化和技术转移领域的一个重要课题。首先，其重要性源于产品、技术开发和项目开展的必要性，开展的项目具有创新性，并符合市场预期。其次，其与研究项目本身及成果的评估需求有关。一系列重要的方法应用于技术评估（TA），这是创新管理中支持决策进程的关键挑战之一，而决策进程与技术的开发和实施有关。

技术评估领域的主要参与者是决策机构，技术评估后来则用于研究和工业。在对技术评估的传统认识上，强调了两个方面：技术评估在决策过程中的有用性及引入新技术或扩展现有技术对社会的影响。技术评估研究的非主流方法出现在商业、工业和非政府组织中，这些研究方法目前正在开发中，并可能在未来扩展。其主要与经济评估、决策和技术测量方法有关。

笔者介绍了技术评估方法的起源和发展及所采用的方法。在该领域中，技术评估应用了单一方法及简单和复杂模型。有些模型侧重于一系列同质的评估因素，而复杂模型同时考虑到了技术开发的各个方面。

在技术评估的现有方式、方法和系统的背景下，提出了关于实施成熟度、商业潜力和创新水平的创新技术评估的通用方法。该方法嵌入在技术评估的非主流研究中，符合商业和工业的需要。由笔者开发，经过验证并在波兰拉多姆国家研究所可持续技术研究中心进行实验应用。

该方法的主要优点在于在项目执行的各个阶段评估创新产品的可能性，包括事前、持续、事后和后续阶段，并可比较产品开发不同阶段的评估结果（从概念阶段到发展阶段，再到最后的技术阶段）。

将该方法用于评估数百种技术解决方案，以满足波兰研究组织、技术园区和企业的需求，其实用价值已得到证明。使用该方法，在欧盟结构基金共同资助的2010—2015战略研究计划“2010—2015经济可持续发展技术支持创新系统”中开发的约170项创新技术解决方案的各个发展阶段每半年评估一次。

关键词　技术评估；实施成熟度；商业潜力；技术创新；评估算法

---

* 作者简介：Adam Mazurkiewicz, Beata Belina, Beata Poteralska, Tomasz Giesko, Wojciech Karsznia，波兰国立研究院可持续技术研究所研究员。

翻译：韩秋明。感谢作者的翻译授权。

1 现有技术水平

技术评估是创新管理的核心挑战之一。最初其一直把重点放在预测、影响评估和政策研究上（Azzone et al.，2008；Van Den Ende et al.，1998）。传统上，其作为一个预警系统，用于预警应用新技术的潜在不利后果（Coates，2001），以促进更充分的政策制定。该领域的主要参与者是议会和决策机构。后来，在20世纪80年代早期，学术界和工业界的研究人员也开始参与评估（Tran et al.，2008）。在商业、工业和非政府圈子中出现的这种技术评估研究流源于对进行技术评估以服务于其战略规划的需求的承认，采用了技术评估这一术语。然而，还有一个完全不同的含义，主要涉及技术准备。其中，除了技术准备之外，还包括将与技术开发相关的其他方面，如商业或创新潜力考虑在内。

技术评估可以使用单一方法和模型得以实施。需重点关注一组同质因素的模型，主要包括以下方面。

（1）实施成熟度评估，例如，技术就绪水平（TRL）（Mankins，1995）或更先进的美国国家航空航天局工程制造就绪水平（EMRL）（国防研究，2006）；波兰拉多姆国家研究所可持续技术研究中心开发和使用的实施成熟度评估（SDW）方法（Mazurkiewicz et al.，2010；Santarek et al.，2008）。

（2）商业潜力评估，例如，美国国家航空航天局提出的商业潜力指数；来自韩南大学和电子电信研究所的韩国研究人员开发的质量功能展开技术（kim et al.，1997）；德克萨斯大学奥斯汀分校开发的Quicklook 和In-Depth（Gwarda-Gruszczyńska，2010）；ITeE-PIB开发的商业潜力评估方法（Belina et al.，2012）。

（3）技术生态问题评估，例如，环境技术评估——EnTA，（Kulkarni et al.，2009）。

（4）技术伦理评估，例如，eTA模型（Palm et al.，2006）。

随着时间的推移，已经开发出复杂的技术评估模型，同时考虑到了技术开发的各个方面。举证包括以下内容。

（1）评估方法“管理工程和产品技术”（MEPT）（Rezagholi et al.，2000）能够在考虑到特定组织确定的成功因素的同时评估组织内的技术应用。评估包括两个方面：技术应用和技术管理。

（2）评估工具ORWAE（Assefa et al.，2005）从生态和经济视角评估技术。

（3）印度的信息、预测和评估委员会进行技术评估研究采用的方法（Bhatnagar et al.，2003）包含两个维度：与商业上的成功（竞争优势、潜在的销售增长率、新产品开发的潜力）密切相关的技术的经济层面，以及技术带来的利益（成熟度、竞争技术、潜在应用、与现有体系的兼容性、技术风险）。

（4）法国索菲亚科技园使用的复杂技术评估模型，用于分析50家欧洲和中国公司的首选评估标准（Jolly, 2008）。该模型聚焦两个基本问题，包括公司的技术竞争力（公司控制的内部因素，取决于其活动和决策），以及技术吸引力的决定因素（与消费者、政府机构和利益相关者的行为相关的外部因素）。

（5）台湾交通大学的 Yung-Chi Shen，Grace T. R. Lin 和 Gwo-Hsing Tzeng 使用的模型（Shen et al. , 2011）涉及了 DEMATEL 方法（决策与试验评价实验室）和专利分析，旨在为商定的评估标准分配适当的权重，其中评估标准包括以下内容：技术优势（先进性和技术创新水平）、商业效应（也可指投资回报和市场规模）、技术发展潜力（包括技术资源的可用性和技术成功机会）、风险（商业和技术风险）。

尽管技术评估自 20 世纪 60 年代以来一直在发展，但仍然迫切需要引入更有效的方法（Tran et al. , 2008）。同时，必须考虑到没有可用于所有学科和产品的通用方法和工具。这就是为什么要创建和应用不同的技术评估方法和系统的原因。

拉多姆国家研究所可持续技术研究中心创建原始技术评估系统的起源来自其作者——ITeE-PIB 的科学工作者，参与管理和实现一些战略性的多年项目，这表明有必要进行复杂的技术评估，并参考研究项目执行中获得的成果。

技术评估的需要，对有效技术评估方法的探索及考虑技术解决方案特定特征的必要性是开发原始复杂技术评估系统的动机。

所开发的方法是一个综合的模块化系统（图 1），由以下部分组成：实施成熟度评估方法（SDW），商业潜力评估方法（PK）和创新水平评估方法（PI）。评估产品根据以下主要类别进行分类：材料（M）、技术（T）、设备（U）、系统（S）和服务（Z），可分为子类别（Mazurkiewicz et al. , 2010）。复杂评估由一个在该领域具有杰出理论和实践知识的专家团队进行，其任务是为承包商提供实质性支持。使用为此目的研发的 AHP 法进行专家筛选（Giesko et al. , 2013）。

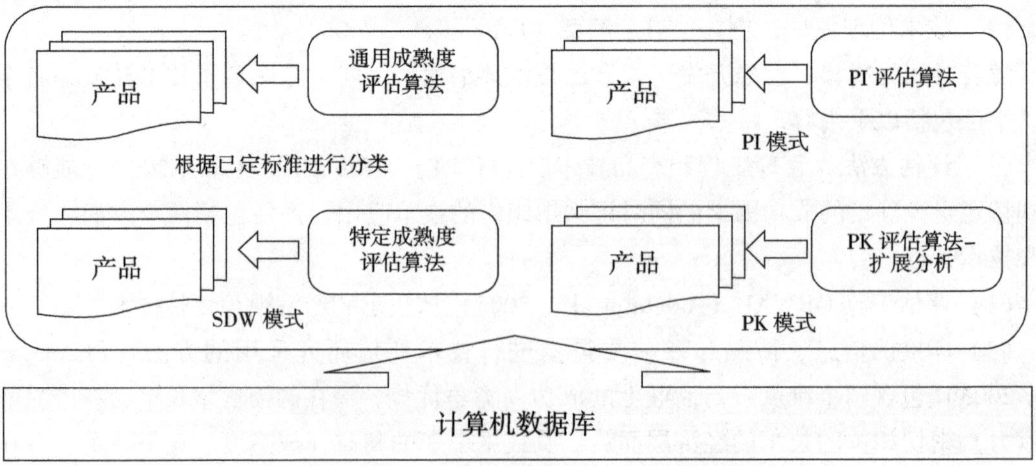

图 1　模块化系统，用于技术解决方案的复杂评估方法

2 创新方案的实施成熟度评估方法

实施成熟度评估方法（SDW）既考虑了评估解决方案的类型，又考虑了其在创新发展中的先进性。SDW（Mazurkiewicz et al.，2013）用于确定推进阶段和精确评估实施给定解决方案的准备水平。该评估涉及技术方面和研究与开发的先进性。SDW 允许规划一个合理的过程（从风险、支出和时间的角度），以进一步处理创新解决方案。

该方法使用两种集成算法，用于创新解决方案的初始和详细评估，包含适用于目的的控制问题集。对这些问题的回答是准确评估创新解决方案当前发展水平是否允许其实际应用的基础。因此，评估的主要目的是最大限度地降低与选择不充分开发的解决方案相关的风险，这些解决方案需要进行额外研究或需要获得适当的产品认证等。SDW 级别的评估由专家团队执行，该专家团队由各个领域的专家及开发的方法、利用专门设计的原始计算机程序领域的专家组成。

总体评级是快速确定实施创新解决方案准备程度的专家法，允许临时分配 10 个级别的解决方案。评估的基础是描述技术进步的水平和专家对评估解决方案及其与经济应用相关的业务活动实际适应性的一般知识。表 1 为适用于一般 SDW 评估的资格标准。

表 1　适用于一般 SDW 评估的资格标准

SDW 级别	发展阶段	级别的一般描述	资格标准
9	转换阶段	在商业基础上，准备用于生产和销售的产品	达到组织和技术水平，确保产品生产可重复进行 经济分析和产品商业化进程的发展 实施产品销售体系 开发和实施在使用过程中监控产品质量的流程
8	检验阶段	生产样品试用系列并获得产品合规与可持续性证书，以获得使用许可证	制造用于认证测试的试用系列产品 认证测试——确认产品符合相关规范 研发最终服务和技术资料
7		生产最终产品	在目标技术流程方面，开发和实施最终产品 分析产品的生产成本 产品测试并检验所有操作和技术参数，重点关注潜在用户
6		在目标操作条件下检验原型产品	开发和实施目标或近似目标的产品 完全集成软件和硬件 在实际操作条件下全面测试产品的功能 识别和验证性能参数 开发入门服务和技术资料

续表

SDW 级别	发展阶段	级别的一般描述	资格标准
5	原型阶段	在模拟、类似于现实生活条件下生产和验证原型产品	开发和制造产品的原型版本，至少部分包含最终产品元素 在实验室或其他环境中模拟的基本性能参数，在与现实生活相似的条件下进行原型试验 现有技术系统内的原型测试，不一定是最终产品/目标
4	原型阶段	在模拟操作性能条件下测试实验模型中的基本元素和组件的功能	开发和生产实验模型的基本组件 在与现实生活相似的条件下（在实验室或其他环境中）整合实验模型和检验 产品指定功能参数的高可靠性 评估产品的适用性
3	原型阶段	在实验室条件下测试模型中组件——基本元素的功能	验证模型的基本要素 从可用元素中整合实验室模型 在实验室条件下测试组件的功能 模型指定功能参数的可靠性低
2	概念阶段	通过分析和实验设计确认解决方案概念的正确性	使用建模和模拟进行理论分析 实验室研究，确认理论模型 实验和部分研究证实了在解决方案中实现假定功能或参数的可行性
1	概念阶段	形成解决方案的概念	详细阐述解决方案的概念和技术实施 分析研究 分析拟议解决方案在实践中的适用性
0	概念阶段	识别和描述行动的基本原则	研究问题的科学基础 开发描述性模型 对形成的概念进行初步分析 确定解决方案的基本属性 对解决方案做出变更（选择最佳方案或对少数方案进行进一步研究）

表1 提出了一组分配给各个级别的一般标准。SDW 分类级别的设定旨在实现创新解决方案的一定发展阶段，包括研发工作的进展。第 0 ~ 2 级包括变种概念的开发和解决方案项目的详细阐述。在最终确定解决方案概念正确性评估阶段的第 2 级，项目假设应该已经得到完全检验。例如，通过在实验室实验中对解决方案的基本要素进行建模和模拟。第 3 ~ 5 级是该产品的模型解决方案和组件的实验测试及解决方案的完整实验版本。在第 6 ~ 8 级，原型试验在实际性能条件下进行，并且在第 6 级，检验产品的完整原型。从第 7 级开始，原型中消除了错误和缺陷，并对原型进行了认证。在第 8 级，进行最后的工业实

施。假设符合第 5 ~ 9 级的产品可以包括在实施和商业化的准备程序中（Mazurkiewicz et al.，2013）。

在复杂解决方案的情况下，SDW 方法可用于评估完整系统和单个组件。

由于在 SDW 中从第 6 级开始在开发的解决方案的实际条件下进行测试，因而才能揭露出重要的限制或技术问题。因此，达到这一级别可以显著降低原型商业化失败的风险，并构成最终的试验阶段，其主要目的是确认所提议的技术创新的实用价值，并展示其优于现有解决方案的优势。

为了对创新解决方案的实施成熟度进行详细评估（图 2），开发了一种原始方法，以便根据分配给产品类别的标准进行评估。评估涉及产品的技术成熟度，生产过程及正在进行项目的组织准备。作为使用通用算法进行评估的结果，详细评估必须应用于至少 5 级的产品（产品的第一个完整原型版本），因为只有这种完整的解决方案才可能真正得以实施。

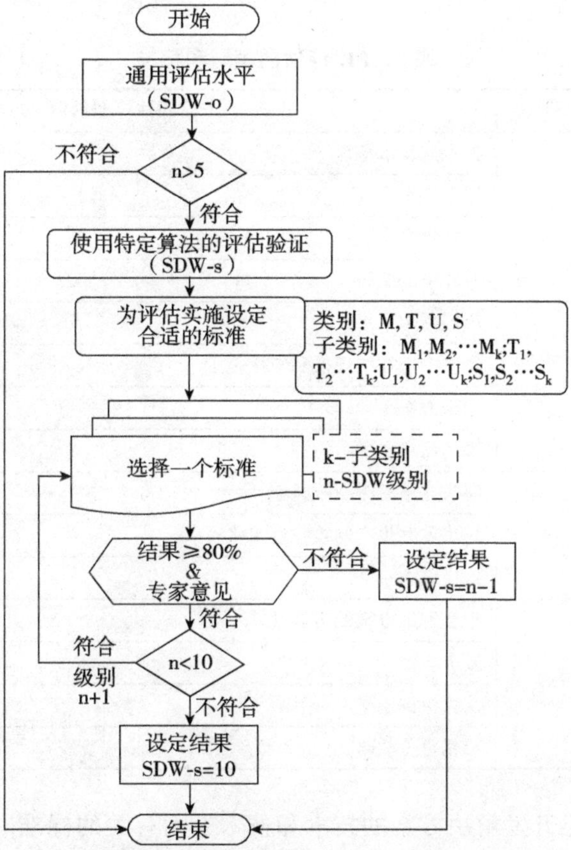

图 2　创新解决方案实施成熟度——详细评估的算法

评估程序包括针对每类解决方案量身定制的近 200 个控制问题，使得所获得的结果标准化，并且在给定类别中评估的解决方案在技术开发过程中的进步方面进行比较。对给定级别的解决方案的分类在对分配给该级别至少 80% 的评估标准进行积极检验之后进行。满足这一条件可以在更高的水平上进行评估。

提出了评估模型，其中考虑了标准的加权系数和其实现的百分比指标。

开发的评估系统是开放式的，可以改进其结构和范围。

3 商业潜力评估方法

商业潜力评估方法（PK）提供了在技术解决方案开发的各个阶段确定商业潜力的方法，从概念开发到实施，一直到解决方案的市场商业化（Belina et al.，2012）。

使用系统方法，包括先进的分析方法和在实施的所有阶段评估新的解决方案的商业潜力，显著影响商业化的有效性。

PK 中的评估标准分为 4 个问题领域：技术、市场、经济和法律组织（Belina et al.，2013），如表 2 所示。

表 2 PK 评估的领域和标准

PK 评估的领域	评估标准示例
技术	技术进步水平
	原创性水平
	创新水平
	对环境的威胁
市场	市场需求水平
	经济中潜在的规模和应用范围
	竞争方案
	市场需求水平
经济	解决方案的潜在收益
	解决方案生产的收益性水平
	推广成本
法律和组织	拟合解决方案的可能性
	服务
	法律保护水平
	市场定位战略

技术领域包括与已开发解决方案的技术和技术方面有关的标准。例如，关于解决方案的技术进步水平、原创性水平、能源消耗水平、运行安全性、环境风险等。

市场领域侧重于在市场需求、其在经济中的潜在应用范围或市场上现有的竞争解决方案的角度评估解决方案的标准。确定解决方案是否及在何种程度上符合潜在接收者的需求也很重要。

经济领域包括与分配给解决方案的财务资源数量、生产的盈利能力、推广费用、法律保护费用、维持市场解决方案的成本、解决方案的价格、与市场上存在的类似解决方案的关系，以及购买解决方案的受益人的收入和利益水平有关的标准。经济领域还包括可选的财务分析。

法律和组织领域包括解决方案的法律保护水平、其仿制方案发展的机会、依赖于法律变更的解决方案实施的可能性、市场上解决方案实施的战略及用于解决方案实施的申请证书和许可证策略。

所有问题领域的评估问卷包含 32 个标准，其中选择（使用直接影响矩阵和 Mic-Mac 工具）并验证关键标准，如解决方案的市场需求水平、在经济中的潜在应用范围，这表明，在许多经济领域，与类似的解决方案相比，该解决方案的成本和价格能够带来潜在利益。使用层次分析法（AHP）建立每个单独标准和问题区域（使用 5 – 1 范围赋值）的权重。选择层次分析法是因为其在评估标准的很大一部分具有定性性质且专家评估在主观的情况下是有用的。

使用扩展分析方法评估商业潜力（图 3）在于指出作为评估标准的问题的答案。标准被分配给相应的数字权重。评估结果越高，解决方案商业化失败的风险越低，并且获得其应用的积极成果的概率越高。

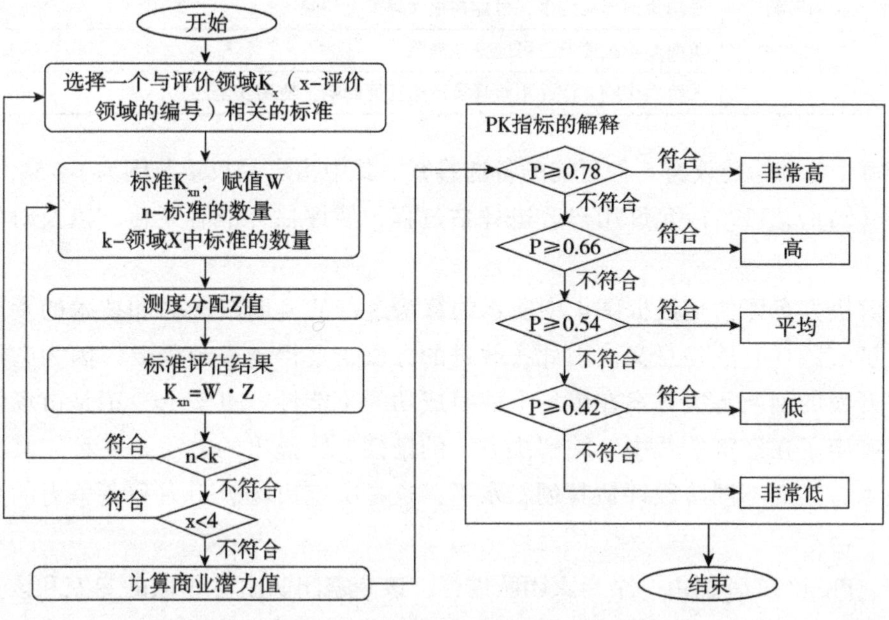

图 3　商业潜力扩展评估的算法

4　创新水平评估方法

技术解决方案的创新水平评估方法（PI）是确定解决方案或项目中创新水平的支持工具。PI 评估问卷由封闭式控制问题（表 3）的 10 个标准组成，如原创性、特征、创新能力和可持续性、价值和市场影响（Belina et al.，2013）。

表 3 PI 评估标准示例

标准示例	定性评估
解决方案的原创性	存在相似解决方案
	与现有解决方案相关的低原创性解决方案
	作为该国经济部门的一部分的原始解决方案，在其他应用领域也有类似的解决方案
	在全国范围内具有高度原创性的解决方案，在全球范围内很少的类似解决方案得到了确认
	在全球范围内具有最高原创性的解决方案，没有确定的与之类似的解决方案
解决方案的实践论证	未进行实践论证
	解决方案只在实验室条件下的有限程度上进行了检验
	解决方案在实际操作条件下进行了检验
	进行了单一的实验检验
	该解决方案已在最大程度上得到实施并在实践中发挥作用
对环境和安全的影响	产生严重的消极影响，其最小化的可能性有限
	可能部分消除的显著水平的不良影响
	平均负面影响程度，可能在很大程度上消除
	负面影响程度低，可能完全消除
	无负面影响，产品不对环境产生任何影响，使用安全

对于每个标准，建议有 5 种可能的备选答案，其中指定的权重范围为 1 ~ 5。层次分析法的应用（Saaty，1990）允许用户改进评估过程，使评估标准客观化，以及对各个答案进行排序。

创新解决方案评估是根据图 4 中所示的算法进行的。创新产品和技术的发展及其随后引入经济实践具有战略意义。因此，改进的方法正变得越来越需要，因为它们有助于确定正在开发的创新解决方案在市场上取得成功的可能性。事实上，正是市场验证了解决方案并确定了在经济实践中实施解决方案的条件。所提出的方法是一种工具，用于在项目和技术方案的不同阶段评估其创新水平，这是决定市场吸引力和竞争力的关键因素之一。

SDW、PK 和 PI 评估由一个专家团队进行，该专家团队由各领域的专家和该方法的作者组成，使用专门设计的计算机系统（Belina et al.，2013）。该系统允许对创新解决方案创建的早期阶段的评估进行比较分析。对解决方案的复杂评估有助于确定与创新解决方案的实施和商业化相关的机会和风险，从而有助于就解决方案的开发工作的启动、继续和结束做出决策。

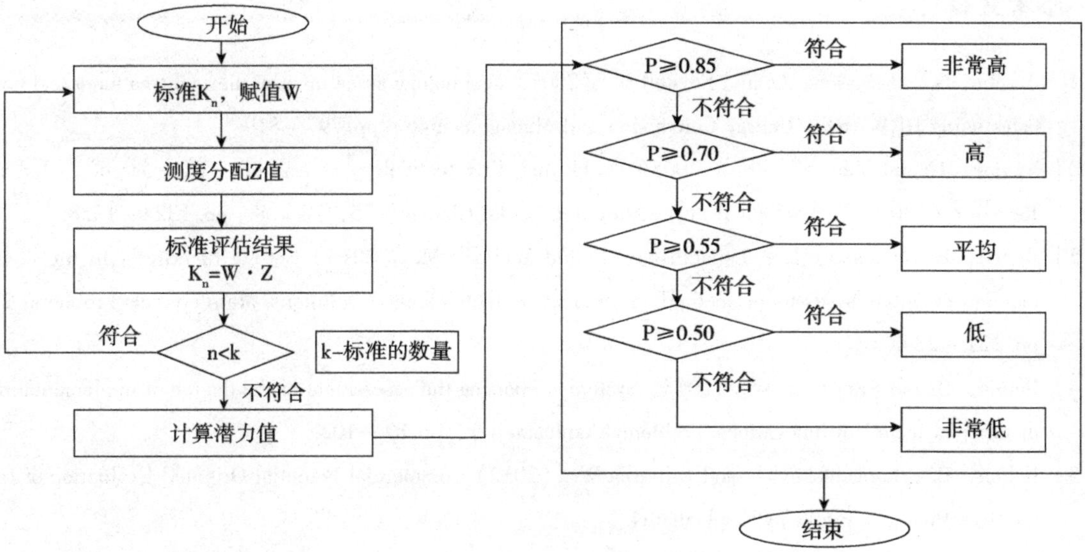

图 4　创新评估算法

5　结论

以评估方法、执行程序和实施信息系统的形式制定的综合解决方案，通过更有效地利用科学研究的结果，构成了支持知识转化和技术转让及为提高经济领域竞争力和创新而采取的措施框架的一个要素。评估方法可用于创新解决方案形成的不同层面，从研发规划、开发解决方案概念，到在完成各个阶段的创新产品评估中的详细应用。开发的工具具有应用的典型特性，其可以单独使用或成组使用，用于在实践中开发和实施的研究结果中，评估技术和新产品在大学、科学研究所及对工业发展项目实施中的成熟度。

开发方法和操作程序的一个突出优点是其评估的开放系统结构，允许修改适用标准和采用产品的分类。开发的解决方案是拉多姆 ITeE-PIB 战略研究计划评估的重要组成部分。笔者预见其可进一步改进并为其他类别的研究成果（包括教育创新）开发可选解决方案。有一个风险评估（PR）和财务可行性（PF）模块正在进行。

致谢

在创新经济运行计划中的战略计划“经济可持续发展的技术支持创新系统”内进行的科学工作。

参考文献

[1] Assefa, G., Eriksson, O. and Frostell B. (2005) Technology assessment of thermal treatment technologies using ORWARE, Energy Conversion and Management46, pp. 797 – 819.

[2] Azzone, G. and Manzinib, R. (2008) Quick and dirty technology assessment: The case of an Italian Research Centre, Technological Forecasting and Social Change, 75, Issue 8, pp. 1324 – 1338.

[3] Belina, B., Giesko, T., Łopacińska, L. and Walasik M. (2013) Setting of criteria in the commercial potential assessment method of innovative technological solutions. Maintenance Problems 2, pp. 221 – 234.

[4] Belina, B. and Karsznia, W. (2013) System supporting the assessment of the degree of implementation maturity of technical innovations. ProblemyEksploatacji 3, pp. 87 – 102.

[5] Belina, B., Łopacińska, L. and Karsznia W. (2012) Commercial Potential Oriented Evaluation of Innovative Products. ProblemyEksploatacji4.

[6] Belina, B. and Łopacińska L. (2013) Setting of criteria in the innovativeness level assessment method of technological solutions. Maintenance Problems 4, pp. 103 – 112.

[7] Bhatnagar, D. andJancy A. (2003) Technology assessment methodology. The experience of India's TIFAC, TECH MONITOR, Special Feature: Technology Road-Mapping.

[8] Coates J. (2001) A 21st Century Agenda for Technology Assessment, Technological Forecasting and Social Change, 67, 303 – 308 (2001), Elsevier Science, Inc.

[9] Defence Research and Development Canada (2006) "A Technology Maturity Measurement System for the Department of National Defence. The TML System". Contract Report DRDC Atlantic CR 2005 – 279.

[10] Giesko, T. and Belina, B. (2013) Metodyka kwalifikacji ekspertów w projektach badawczych z zastosowaniem analizy hierarchicznej AHP, Edukacja Ustawiczna Dorosłych 2, pp. 64.

[11] Gwarda-Gruszczyńska, E. (2010) Quicklook™ as acommercial assessment method of innovations and technologies. ActaUniversitatisLodziensis Folia Oeconomica234.

[12] Jolly, D. R. (2008), Chinese vs. European views regarding technology assessment: Convergent or divergent? Technovation, 28.

[13] Kim, K., Park, K. andSee, S. (1997) A matrix approach for telecommunications technology selection, Computers & Industrial Engineering, 33, 3 – 4, pp. 833 – 836.

[14] Kulkarni, V. and Ramachandra, T. V. (2009) Environmental Management, Commonwealth of Learning, Canada, 375.

[15] Mankins, J. C. (1995) Technology Readiness Levels: a white paper, NASA, Advanced Concepts Office, Office of Space Access and Technology, 1995.

[16] Mazurkiewicz, A., Belina, B., Giesko, T. andKarsznia W. (2013) Operational system for the assessment of the implementation maturity level of technical innovations. ProblemyEksploatacji 4, pp. 79 – 92.

[17] Mazurkiewicz, A., Karsznia, W, Giesko, T. andBelina B. (2010) Methodology of implementation

maturity level assessment of technological innovations (in Polish), ProblemyEksploatacji1, ITeE-PIB Radom.

[18] Mazurkiewicz, A., Karsznia, W., Giesko, T. and Belina B. (2011) System operacyjny oceny stopnia dojrzałości wdrożeniowej innowacyjnych rozwiązań w zakresie usług. ProblemyEksploatacji 3, pp. 61 – 73.

[19] NASA, Commercialization Readiness Level Assessment Index, Technology Commercialization Process, Change1 (4/9/04), 2004.

[20] Palm, E. and Hansson S. O. (2006) The case for ethical technology assessment (eTA), Technological Forecasting and Social Change, 73.

[21] Rezagholi, M. and Frey, M. (2000) Managing Engineering and Product Technology: A Method for Technology Assessment. In: Bomarius F., Oivo M. (eds) Product Focused Software Process Improvement, Proceedings of the Second International Conference, PROFES 2000, Oulu, Finland, Springer, 180 – 192.

[22] Saaty T. L. (1990), How to make a decision: Analytic Hierarchy Process. European Journal of Operational Research 48, pp. 9 – 26.

[23] Shen Y. -Ch., Lin G. T. R., Tzeng G. -H. (2011) Combined DEMATEL techniques with novel MCDM for the organic light emitting diode technology selection, Expert Systems with Applications, 38, 1468 – 1481.

[24] Shen Y. -Ch., Lin G. T. R., Tzeng, G. -H. (2011) Combined DEMATEL techniques with novel MCDM for the organic light emitting diode technology selection, Expert Systems with Applications, 38, pp. 1468 – 1481.

[25] Tran, T. andDaim, T. (2008) A taxonomic review of methods and tools applied in technology assessment. Technological Forecasting and Social Change 75, pp. 1396 – 1405.

[26] VanDen Ende, J., Mulder, K., Knot, M., Moors, E. andVergragt P. (1998) Traditional and Modern Technology Assessment: Toward a Toolkit, Technological Forecasting and Social Change, 58, Issues 1 – 2, pp. 5 – 21.

高铁发展的可持续性与不连续性
——多层次框架分析

Susanan Moretto　António Brandão Moniz*

(1. Research Centre on Enterprise and Work Innovation, Universidade Nova de Lisboa, Portugal; 2. Institute for Technology Assessment and Systems Analysis, Karlsruhe Institute of Technology, Germany)

摘　要　高铁技术在可持续性技术转型的过程中，预想的技术和由此产生的社会发展动力之间可能存在不连贯性。通过对现有研究成果的评价梳理，表明建设性技术评估（CTA）多层次框架分析是识别此类风险的可靠工具。我们从中可以得知，只有解决内生（行业）和外生（政策）前瞻性研究之间存在的方法上的割裂问题，高铁技术的可持续性转型才能对行业和用户有利。

1　可持续性发展推动技术转型

在欧洲，一种共识已经存在很久，即可持续性发展才是高铁的未来，而维持高铁的发展活力对整个社会来说都是个巨大的挑战（欧盟委员会 2011 年 144 号决议最终版）。自 2001 年以来，高速列车被确定为中长途旅行的旅客首选的出行方式（欧盟委员会 2001 年 370 号决议最终版），占欧洲运输网络投资的 70%。尽管 2011 年高速列车继续续写这一辉煌（欧盟委员会 2011 年 144 号决议最终版），但关于新技术的决策却从未像现在这样，在未知的前景、复杂的体制与利基市场破坏面前显得脆弱无力。可持续性的发展动力使技术转型成为一个面向社会不断调整的过程，这一点非常重要。

由 Kemp 等（2007）的描述可知，可持续性发展前景是多元化的，同时能够带来外部动力。对高速列车而言，除了源于其他运输方式——如汽车和航空技术快速发展和信息通信技术发展，日益严重的环境约束，变化万千的出行方式，新进者带来的市场压力，全球金融危机导致的成本约束以外，可持续性发展也为其革新带来了或多或少的压力。然而，

---

* 作者简介：Susana Moretto，葡萄牙里斯本大学企业与工作创新研究中心研究员；António Brandão Moniz，德国卡尔斯鲁厄理工学院技术评估与系统分析研究所教授。

翻译：黄红华（对外经济贸易大学）。感谢作者的翻译授权。

可持续性激发高速列车创新，也是保持竞争能力的主要驱动力。同时，其还是形成新的社会制度革新与联盟的促进因素，能够进一步推动高铁产业从传统战术决策和旧制度体系中逐渐走出来。这就强调了前瞻性工具支持的技术决策战略的重要性。

2 预测的出现

自2001年起，高铁作为产业逐渐成型。在本文所述的几种情形下，这些预测行为成了一种特定设计，是管理的必要条件，为一些决策者提供支持，这些决策者通常需保证高速列车能够维持30~40年的寿命，同时还要预测决策后10~15年内所有已发现和未发现（往往更具有挑战性但却很必要）的潜在风险。根据文献调研结果可知，现有的发现都是基于欧洲铁路技术中心（Railway European Technology Platform）的SOTA规划（Schippl et al. 2008）、议程及路线图，制造商协会UNIFE（BCG，2008）的市场预测及列车制造商的内部预测及展望。上述所有的材料都是最新的数据。然而，社会科学的各个领域却发出了警示，认为这种技术中心主义的预测很可能无法预见技术转移与社会可持续性发展动力之间存在的不连贯性。

3 多层次框架分析

为了证明该行业存在此类风险，笔者通过应用多层次框架模型，探讨了高速列车社会技术体系的内容，这是建设性技术评估的一个功能要素。根据D. K. R. Robinson的说法，由Arie Rip、Rene Kemp和Johan Schot（Rip et al.，1998；Schot et al.，1997）在20世纪90年代率先推出的多级模型结合了不同层次的分析，同时借鉴了准演化模型的技术与创新（Dosi，1982；Nelson et al.，1977；Abernathy et al.，1985；van den Belt et al.，1987；Van Lente，1993），并将其与行动者网络理论（Callon et al.，1981）及联盟和稳定理论联系起来（David，1985；Callon，1993）。在研究中，笔者使用委托利益相关者的标准将发现的预期报告对应到多层次框架模型的相应领域。结果如下所述。

3.1 发展竞技场（landscape arena）

发展竞技场是高速列车体系外的一个概念，其影响着国家政府、欧盟机构、专家组、非政府组织和客户终端（Moretto et al.，2012）。此外，还有对高铁技术发展产生影响的其他领域，如能源、航空、汽车制造及材料产业的实体机构。

从这一竞技场来讲，高速列车技术的利害发展主要源于外部。决策机构十分重视用政策倡议（可持续性发展的交通体系、让交通发展远离环境消极影响及对能源的依赖性、加强竞争力）辅助来认定、应对社会挑战。终端用户（个人）关心的则是出行需求（是否通路、能否到达，缩减出行时间、交通中转无缝对接)。非政府组织及专家组都在自身领域范围内重点保障着各自的利益。

这些政策执行者能够为整体框架带来改变。改变可以多种多样，如“常规的、严重的、颠覆性的冲击”(Geels et al.，2007)。在高铁产业内，这些执行者会通过影响一代又一代的高速列车、技术转移而产生制度层面的影响。

发展竞技场内有一些预测性活动，由政策执行者承包给政府外机构，以此实现政治性引导，确定为应对可持续出行巨大挑战而应该支持的技术。其中一个例子就是STOA报告(Schippl，2008)。STOA报告是由欧洲议会制定的，陈述了交通体系的现状及中长期发展趋势。从参考文献及参与利益相关者清单中可以看出，没有足够的迹象显示这份报告与其他制度层面的预测性活动有任何关联。相反，报告的引文及涉及利益相关者都来自发展领域的政策研究机构，如欧洲交通大会（European Transport Conference)、欧委会民意调查(European Commission Eurobarometer)。因此，这份报告与制度层面的其他内部预测报告相比（下文将提到)，可以看作对于未来发展的外部评估。STOA报告是现有唯一一份结合了定量及定性指标的报告，目的在于结合建设性技术评估使用回溯方法解决可持续性社会动力的问题。

3.2 组织竞技场（regime arena）

组织竞技场覆盖整个技术供给链体系，在该体系中，利益相关者之间的关系相互依存、不断变化。在组织层面上，来自不同分制度体系的利益相关者间传递自己掌握的信息(Moretto et al.，2012)。

这一竞技场的利益相关者是列车运营商、租赁公司及铁路系统的新企业。这一群体属于服务公司，有的自己确定列车在不同国家或国际高速列车过道行驶必需的规格，有的只购买或租赁现有的列车。根据UIC（国际铁路联盟：铁路运营商，租赁商和基础设施管理组织）2013年发布的数据，整个欧洲有超过20个高速列车运营商，有的是私营企业，如意大利的Nouvo Transporto Viaggiatore（NTV）公司，有的是国家特许经营企业，如英国的Viigin Trains，有的是国家铁路公司联营企业，如Eurostar或Thalys，还有的是这些国有运营商的分公司，如SNCF或Deutsche Bahn（DB)。

欧洲铁路产业的自由化将技术决策工作转移到列车生产商的职责范围之内，从而使得列车运营商失去了对技术决策的控制。运营商现在专注于服务，几乎不掌握任何技术。对于租赁公司和其他行业的市场新进入者而言更是如此，这些公司主要寻求标准的成品列车，对技术开发设计没有需求也不具备这样的能力。总体而言，这些利益相关方的主要任务是克服技术操作问题，适应轨道基础设施，遵守相关法规（互用性、安全性、模块化、认证、能源、重量、噪声排放、报废、维修保养）及吸引乘客（速度、舒适度、可用性、票价)。

这些业内人士可能会为框架在技术性上带来“常规的变革”，但也可能会局限于现有组织竞技场，抵制对现状的改变。这与他们在充满“动荡、冲击和破坏”的发展前景前显示出的脆弱形成鲜明对比。例如，欧洲铁路新立的一系列法规和为人们的出行方式带来的变化。

组织竞技场的中级层面还有另一分支组织，主要涉及产品生产。这一层面的利益相关者是能够提供一站式方案的高速列车技术的装配商（车辆制造商）。欧洲具有代表性的公司有 Alstom Transport（法国）、Ansaldo（意大利）、Siemens Mobility（德国）和 Talgo（西班牙）。这些公司都是当今开放的铁路市场中的全球性参与者，但同时又保留着鲜明的本国特色，在数十年来的国有化业务中仍可以体现出来。

高速列车制造商是技术所有者，多数情况下，这些技术都是从国家运营公司继承而来的。他们的整体利益和期望是降低成本、遵守法规、吸引客户，特别是近期开始发展的最终用户（如市场准入、低成本开发制造、标准化、模块化、安全性、可回收性和报废、节能、重量、降噪、配电、接轨装置与金属疲劳测试、内饰、材料、空气动力）。

同样地，在这一分组织下制造商可能会引入“常规的变革”，但最重要的是，他们还可能在扩张战略性市场的同时招致技术上的“颠覆性”变革。制造商受到来自技术研发分组织的巨大压力，特别是在利基竞技场（niche arena）情形下。然而，基于庞大而复杂的技术系统，对于列车组装者来说，将颠覆性技术运用到列车上是一项严苛、高成本且耗时的工作，潜在的市场新入者也可能产生无形的影响。例如，来自世界其他地区的制造商或得益于外包或市场规模而得到技术能力提升的零部件供应商。

在组织竞技场的底层有技术供应者这样一个分支群体。这一群体的利益相关者涵盖了技术供应链的不同层级，包括高速列车技术各分支群体中组件供应商的第一层级——如 Knorr-Bremse（气动、液压和电子制动系统），Bosch（冷却器和冷却系统、液压驱动器），Voith（轮组、联轴器、齿轮、冷却系统），MTU（发动机），Efacec（电信系统、电源系统）Bochumer Verein 和 Bonatrans（轮组），Faiveley（空调、耦合器、机电门控制系统），Saft（蓄电池、工业电池和超级电容器），Selectron（控制系统），以及第二层级——如 Amorim Corck Composits（用于车身夹层板、地板和噪声振动隔离器的生物复合材料）。这一分支群体还包括因大学分拆而产生的技术供应商。

在欧洲，一级零部件供应商甚至可能与其客户、技术装配商配对以提高营业额、丰富技术能力。过去 10 年中，列车制造商外包增加，他们在技术开发领域开始争取更多的发言权。结果，这些公司逐渐使以往对组织和机遇领域的“常规”影响转为“颠覆性”影响。与此同时，他们在发展前景变革面前表现得愈发不堪一击。而一股无形的影响也正在发挥作用，其源于潜在的市场新入者，也来自各公司联盟和收购活动。

技术和专有技术组件供应商的主要利益及期望所在是相似的，可能与列车制造商的主要利益和期望相混淆，即降低成本、遵守法规、提升可靠性和吸引顾客。之所以出现这种情况，是因为其是高速列车特定技术子系统的专有供应商，受到车辆装配商严格的质量标准要求和认证程序的约束。出于这一目的，2005 年国际铁路行业标准（IRIS）正式颁布。

在组织竞技场内，利益相关者经常集中在面向整个欧洲的专业协会，像具有共同愿景、价值感和旨趣的俱乐部一样。在过去 20 年里，他们的队伍逐渐扩大并且日趋专业化。协会包括 UIC 和 UNIFE（欧洲铁路产业联盟：车辆和基础设施制造商和零部件供应商）。还有一些以目标为导向的利益协会，包括 ERWA（欧洲铁路车轮制造商协会）、EIM（欧洲铁路基础设施管理协会）、CER（欧洲铁路和基础设施协会，UIC 政策部门）、ETF（欧洲运输业工人联合会）和 EPITOLA（欧洲铁路客车和牵引租赁协会）。还需要考虑国家协会，如 FIF（法国铁路业协会）、RIA（英国铁路业协会）和 VDB（德国铁路业协会）。

以上所有协会都分别面向特定的利益相关者群体，这些协会的成员和使命时有重合。其他团体如 ERRAC（欧洲铁路研究咨询委员会），将所有现有的协会和发展领域利益相关者（如成员国代表和终端用户）结合起来，共同实现某一铁路研究领域的目标，以促进铁路业的创新。组织竞技场存在 3 种预测行为。第一种是愿景和路线图，例如，ERRAC 愿景（ERRAC，2001、2007），是由铁路协会在制度层面上提出的，结合了分支组织和发展及机遇领域执行者的利益和期望。第二种是预测活动，如由制造商协会委托给分支群体层级顾问的 UNIFE 2020 年市场展望（BCG，2008），是联合预测市场趋势和未来技术需求的手段。第三种是 2006—2009 年西门子等企业开展独立的市场前景预测，其与上述其他预测方式具有相同的特征，只是仅仅是由利益相关者预测其未来市场定位并捍卫其利益和期望而得到的结果。

与 STOA 报告形成鲜明对比的是，这些报告都有以技术为中心的未来愿景，其对彼此的预测持有包容的态度。这就意味着 UNIFE 市场前景展望整合了其成员内部预测活动的数据，并在分支群体层面将其结合在一起。ERRAC 愿景展望则是将专业协会在组织竞技场某个特定研究创新领域研究的结果整合在一起。技术创新链中的预测活动层级越高，各利益相关方的参与度就越高。然而，上述内容似乎忽视了外部预测活动的结果，如 STOA 报告。只有西门子明确提到能源等其他领域基于德尔菲法的研究结果。此外，他们的方法还包括外包基于量化指标的利益相关者生命周期成本法，从而绕过了可持续性社会发展动力固有的定性要素。

3.3 利基竞技场（Niche Arena）

在利基竞技场中，利益相关者主要是学术界和私人研究机构、衍生公司和中小企业，这些组织都是可能应用于铁路技术系统及子系统的基础和前沿研究成果的供应者。利益相关者之间的差异很大，因为这些机构并不专注于铁路技术研究。EurNEX 欧洲铁路研究网络是由欧盟委员会支持、由运营商和企业推动的联合倡议。其目的是将欧洲各地研究团队集中在运输和出行产业进行研究。其成员包括查尔姆斯理工大学、里斯本科技大学、柏林科技大学、纽卡斯尔大学、马德里理工大学、瓦伦西亚大学、维尔纳科技大学和捷克铁路研究所等。此外，有趣的是，这一群体还包括INECO（一家运输工程公司）等衍生公司。

这类利益相关者被归类为高级知识的提供者，但属于特定的机遇领域（因此不属于任何制度）。然而，对高速列车而言，两种类型之间的界限非常模糊，因为作为高级知识提供者的利益相关者主要受到现有子领域中问题的激励。

具体而言，铁路业的彻底性革新即使逐渐形成，也不容易打破现有体制。只有发展领域出现机遇时，彻底性革新才能够充分实现，新生力量才能进入市场。高速列车的高科技和复杂性涉及多个领域，如机械工程、计算、材料、管理知识和金融等。此外，由于技术体系规模庞大，信息共享存在传统的保护主义，在许多情况下，该技术是从制度领域已经检测并趋于成熟的解决方案而非从机遇领域的突破性研究发展而来。

与其他两个竞技场相比，这一竞技场目前尚无任何预测行为。事实上，这个竞技场的利益相关者通常会参与到组织或发展竞技场的讨论中以进行研究，或被邀请参与到集体预测中。显然，ERRAC愿景和STOA报告就是这样。

4 结论

通过建设性技术评估多层次框架分析可以得出，预测性研究报告反映了各领域委托利益相关者的观点，因此使用不同的方法来满足特定目的。两组报告主要可以区分如下：形成外生预测和内生预测。

外生方法可以视为发展竞技场利益相关者委托的STOA研究。STOA为情景构建引入了必要的定性指标，从而通过预期（例如，为了实现战略政策技术决策的反思）解决了与定量指标结合使用的可持续性的社会发展动力问题。ERRAC和UNIFE市场前景和行业预测等的内部技术中心预测是由制度领域利益相关者做出委托的。他们似乎必须使用特定行业的定量周期评估法。然而，他们仍远未解决可持续性不可衡量的社会发展动力问题。报告的生产不仅有赖于预期手段，也受到知识共享和共同发展理念的推动影响。

如果在两组预测研究人员中能够克服现有在两者之间的方法差异（社会技术体系领域和类型指标），同时向行业中引入建设性的技术评估工具，那么高速列车向可持续发展的技术过渡便有利无害。如果考虑到高速列车对社会经济的重要影响，上述内容的相关性便会加强。欧洲机构可以为促进有效交流提供必要的支持。

致谢

感谢DKR Robinson在所用理论模型方面的指导，以及PACITA 2013大会的参与者在“评估可持续交通”单元中的讨论，特别是J. Schippl先生（共同主持人）和L. Klüver先生（发言人），给本文提供了丰富的思想素材参考。

参考文献

[1] Abernathy, W. J. & Clark, K. B, 1985: Innovation: Mapping the Winds of Creative Destruction, In: Research Policy, vol.: 14, no.: 1, date. 1985, pages: 3 – 22.

[2] BCG Boston Consulting Group, 2008: World Rail Market Study. Status quo and outlook 2020. Study Commissioned by the European Rail Industry Association (UNIFE).

[3] Callon, M., 1993: Variety and irreversibility in networks of technique conception and adoption. In D. Foray and C. Freeman (Eds.) Technology and the Wealth of Nations: The Dynamics of Constructed Advantage. London, Pinter Publishers: 232 – 268.

[4] Callon, M. & Latour, B., 1981: Unscrewing the big Leviathan or how do actors macrostructure reality and how sociologists help them to do so, in K. Knorr-Cetina and A. V. Cicourel, Advances in Social Theory and Methodology: Toward an Integration of Micro and Macro Sociologies, London, Routledge & Kegan Paul, pp. 277 – 303.

[5] David, P. A., 1985: Clio and the economics of QWERTY. In: American Economic Review 75: 332 – 337.

[6] Dosi, G., 1982: Technical paradigms and technological trajectories-a suggested interpretation of the determinants and directions of technological change, Research Policy, 11 (3), 147 – 162.

[7] European Commission, 2011: White paper-Roadmap to a Single European Transport Area-Towards a competitive and resource efficient transport system. COM (2011) 144 final.

[8] European Commission, 2001: White Paper-European transport policy for 2010: time to decide. COM (2001) 370 final. Brussels, 12. 9. 2001. Retrieved http: //ec. europa. eu/transport/themes/strategies/2001_white_paper_en. htm.

[9] European Rail Research Advisory Council, 2012: Roadmaps on "WP01 Greening of Surface Transport", "WP02Encouraging Modal Shift and decongestion of transport corridors", "WP03 Ensuring sustainable urban transport", "WP04 Improving safety and security", "WP05 Strengthening Competition". Published by ERRAC Roadmaps, The FP7 project ERRAC. Retrieved from http: //errac. uic. org/spip. php? article13#outil_sommaire_2.

[10] European Rail Research Advisory Council, 2011: Rail Route 2050: the sustainable backbone of the single European Transport Area. Published by ERRAC Roadmaps, The FP7 project ERRAC. Update of the ERRAC vision (2001).

[11] European Rail Research Advisory Council, 2007: Strategic Rail Research Agenda 2020. Published by the FP7 project ERRAC. May 2007.

[12] European Rail Research Advisory Council, 2002: SRRA Strategic Rail Research Agenda 2020: A turning point forEuropean railway research. First report of ERRAC. Published by ERRAC. September 2002.

[13] European Rail Research Advisory Council, 2001: A joint strategy for European rail research 2020: Towards a singleEuropean railway system. Published by UNIFE, UIC, CER, UITP.

[14] Geels, F. and Schot, J., 2007: Typology of sociotechnical transition pathways. Research Policy 36 399 – 417. doi 10. 1016/j. respol. 2007. 01. 003.

[15] Kemp, R; Loorbach, D and Rotmans, J., 2007: Transition management as a model for managing processes of co evolution towards sustainable development. The International Journal of Sustainable Development and World Ecology 14 (1): 78 – 91.

[16] Moretto, S., Pastrana Palma, A., Moniz, A. B, 2012: Constructive Technology Assessment in Railways: The case of the High-speed Train Industry, in J. Pombo, (Editor), International Journal of Railways Technology, Civil-Comp Press, Stirlingshire, UK, 2012. ISSN 2049 – 5358 (http://www.saxe-coburg.co.uk/ijrt).

[17] Nelson, R & Winter, S., 1977: Towards a theory of innovation. Research Policy 6.

[18] Robinson, D. K. R. andPropp, T., 2011: Innovation-Chain + approach to prospecting technology embedment in society: An Illustration for potential nano-enabled agrifood sector transformations. Fourth International Seville Conference on Future-Oriented Technology Analysis (FTA). FTA and Grand Societal Challenges-Shaping and Driving Structural and Systemic Transformations Seville 12 – 13 May 2011.

[19] Rip, A., & Kemp, R., 1998: Technological change' in: S. Rayner & E. L. Malone (Eds), Human choice and climatechange (Columbus, Batelle Press, 2).

[20] Schippl, J. et al., 2008: The future of the European long distance transport-Scenario Report. European Parliament, Science and Technology Options Assessment (STOA). IP/A/STOA/FWC-2005 – 28/SC27.

[21] Schot, J. & Rip A., 1997: The past and future of constructive technology assessment. Technological Forecasting and Social Change 54 251 – 268.

[22] Siemens, 2011: Pictures of the future. Magazine for Research and Innovation / Fall 2011. Siemens. Link www.Siemens.com/proof.

[23] Siemens, 2010: Designing the future-How mobility tomorrow is taking shape. como-complete mobility-facts, trends, stories. Issue 05 | September 2010. Transportation Systems. Siemens AG. www.siemens.com/mobility.

[24] Siemens, 2009: The future needs the railways for a cleaner environment. Green Mobility. Transportation Systems. Siemens AG.

[25] Siemens, 2006: The future needs mobility-Completely in detail. Complete Mobility Transportation Systems. Siemens AG.

[26] Union Internationale deChemins de Fer, 2013: Data of high-speed trains 2013, UIC High-Speed, retrieved from http://www.uic.org.

[27] van den Belt, H. & Rip, A., 1987: The Nelson-Winter-Dosi model and synthetic dye chemistry. In: W. E. Bijker, T. P Hughes, T. Pinch (Eds.), The Social Construction of Technological Systems: New Directions in the Sociology and History of Technology, Cambridge Massachusetts: The MIT Press.

[28] vanLente, H., 1993: Promising Technology-The Dynamics of Expectations in Technological Developments. Ph. D Thesis, University of Twente. Delft: Eburon Press.

机器人时代的人权

——使用机器人技术、人工智能、虚拟现实和增强现实所带来的挑战

Rinie van Est　Joost Gerritsen　Linda Kool*

（Rathenau Instituut，Den Haag，The Netherlands；Legal Beetle，Utrecht The Netherlands；Rathenau Instituut，Den Haag，The Netherlands）

摘　要　智能设备正在监视我们的生活。人工智能技术引导着我们的行为。护理机器人会妨碍人与人的接触。这听起来很恐怖吗？这是必然出现的吗？其实这并不一定会成为现实。

拉特瑙研究所（Rathenau Instituut）成立时的任务就是研究新技术和科学发展的社会影响。从那时起，他们的研究就阐明了这种融合的概念：纳米技术，生物技术，信息技术和认知技术之间日益增长的相互作用。本文详细阐述了NBIC融合，特别着重于人权与技术融合之间的联系，特别是涉及机器人技术，人工智能以及虚拟现实和增强现实的技术。本文研究表明，这些技术可以对人权产生正面或负面的影响。关于这些权利，我们着重于尊重私人生活，人的尊严，所有权，安全和责任，言论自由和禁止歧视以及诉诸司法和获得公正审判的权利有关的问题。

本文是应欧洲委员会议会文化，科学，教育和媒体委员会（PACE）的邀请进行的相关研究。研究表明，人权框架为负责监管机器人技术，人工智能或类似技术的决策者提供了切实可行的起点。但是，在某些情况下，一些权利需要澄清。因此，我们主张两项新颖的人权：不被衡量，分析或指导的权利，以及与人类进行有意义的接触的权利。本文中描述的技术可能对我们所有人都非常有益。但是，为了维护我们的人格尊严和基本权利，我们必须保持警惕，牢记公约规定的价值观，并将其付诸实践。

关键词　技术融合；技术伦理；技术风险；机器人技术；人工智能；技术监管

1　引言

作为欧洲大陆的主要人权组织，长久以来，欧洲理事会一直致力于预测和应对新技术

---

* 作者简介：Rinie van Est，荷兰 Rathenau Instituut 研究员；Joost gerritsen，荷兰 Legal Beetle 隐私与数据保护律师；Linda Kool，荷兰 Rathenau Instituut 资深研究员。

翻译：韩秋明。感谢作者的翻译授权。

对人权和人的尊严的不利影响。例如，由于生物技术领域的发展，议会大会于1991年建议欧洲理事会开始筹备一项关于生物伦理学的公约。由此，1997年，《欧洲人权和生物医学公约》（*European Convention on Human Rights and Biomedicine*）（即《奥维耶多公约》，*Oviedo Convention*）产生。此项《奥维耶多公约》的宗旨载于第1条："本'公约'的缔约国应保护所有人类的尊严和身份，并保障每个人在生物和医学应用方面不受歧视地享有人格完整、其他权利及基本自由。"此外，《奥维耶多公约》第2条明确规定："人类的利益和福祉应优先于社会或科学的唯一利益。"

最近，欧洲理事会越来越认识到，由技术融合、大数据、机器人技术和人工智能所造成的新兴技术浪潮，正带来各种道德问题和社会问题，而且，鉴于目前的道德框架和监管制度，这些问题可能具有很大的挑战性。为此，欧洲理事会生物伦理学委员会（The Committee on Bioethics of the Council of Europe）于2015年5月组织了新兴技术和人权问题国际会议（The International Conference on Emerging Technologies and Human Rights）。欧洲理事会生物伦理学委员会得出结论认为："显然需要研究这些新的发展动态，以便能够应对这些新技术及其融合可能带来的道德挑战和法律挑战。"欧洲理事会议会大会（The Parliamentary Assembly of the Council of Europe）文化、科学、教育和媒体委员会（The Committee on Culture，Science，Education and Media）接受了这一挑战。2015年6月，一项请求"议会大会进行前瞻性辩论"的动议被提出。2015年9月，勒德奥先生（Mr. Le Déaut）被任命为特派调查员，以就"技术融合、人工智能和人权"编写一份报告。推动这项工作的理念是，在生物医学领域之外适用《奥维耶多公约》的部分基本指导原则，如保护私生活，尊重自主权、知情权和知情同意权，可能是明智的；其目的是促使欧洲理事会提出管理融合中的技术建议，以保障人权，如人身完整权、隐私权和思想自由的权利。为了完成本报告，欧洲理事会议会大会向各种知识伙伴寻求合作，请拉特瑙研究所（Rathenau Instituut）就上述主题编写了一份简明的背景专家报告。当前文件是对该请求的回应。

2017年3月22日，文化、科学、教育和媒体委员会讨论了该特派调查员提出的建议草案。该建议草案获得一致通过。2017年4月28日，议会大会一致通过针对该特派调查员报告的建议修订版。议会大会的建议见框文1。

框文1　欧洲理事会议会大会于2017年4月28日通过的建议概览

2102建议（2017）暂定版本

技术融合、人工智能和人权

1　纳米技术、生物技术、信息技术和认知科学的融合及市场上新技术的应用速度，不仅会影响人权及其行使方式，也会影响关于人类特征的基本概念。

2 新技术及其应用的普及，模糊了人与机器、线上活动与线下活动、物质世界与虚拟世界、自然与人为、现实与虚拟之间的界限。人类正在借助机器、机器人和软件来增强自身能力。如今，创建功能性的大脑 - 计算机界面是可行的。我们人类正在实现从被“治疗”到被“修复”的转变，与此同时，成为“增强型”人类指日可待。

3 议会大会注意到，立法者越来越难以适应科学和技术发展的速度，也越来越难以拟订必要的法案和标准；议会大会坚信，在 21 世纪维护人的尊严意味着要发展新的治理形式，新的开放、知情和敌对的公开辩论形式，新的立法机制，尤其是要建立国际合作机制，使我们能够最有效地应对这些新挑战。

4 议会大会重申《欧洲人权和生物医学公约》（ETS No. 164，《奥维耶多公约》）第 2 条所载的原则，其中申明“人类的利益和福祉应优先于社会或科学的唯一利益”，从而肯定了人的首要地位。

5 在这方面，议会大会支持欧洲理事会生物伦理学委员会提出的倡议——即在欧洲理事会《欧洲人权和生物医学公约》制定 20 周年之际，于 2017 年 10 月举办一次国际会议，讨论这些新技术的出现前景及其对人权的影响，以期在 2018—2019 年两年期内制订一项战略行动计划。

6 此外，议会大会认为，有必要实施真正的全球互联网治理，且这一治理并不依赖于私人利益集团或少数国家。

7 议会大会呼吁部长委员会：

7. 1 立即实现《保护个人自动处理个人数据公约》（*Protection of Individuals with regard to Automatic Processing of Personal Data*）（ETS No. 108）的现代化，以便制定新的条款，使之能够迅速提供更适当的保护；

7. 2 在其促使残疾人获得平等、尊严和平等机会的目标框架内，在《2017—2023 年欧洲理事会残疾人战略》（*Council of Europe Disability Strategy* 2017 - 2023）中界定护理机器人和辅助技术的使用框架。

8 鉴于上述情况，议会大会敦促部长委员会指示欧洲理事会相关机构考虑智能人工制品和（或）相关设备、更广泛的技术融合及其在遗传学和基因组学、神经科学和大数据领域的社会影响和道德影响如何挑战人权的不同方面。

9 此外，议会大会建议就下列问题拟订准则。

9. 1 加强透明度，增强政府监管，操作人员的问责范围包括：

9. 1. 1 不论在何种情况下，责任都在于人。人工智能系统的“独立”决策不能免除这些系统的创造者、拥有者和管理者对使用这些系统侵犯人权行为的责任，即使造成损害的行动不是由负责的人类指挥官或操作人员直接命令的；

9. 1. 2 旨在收集、处理和使用个人数据的自动处理操作；

9.1.3 告知公众其产生的数据的价值，公众是否同意使用这些数据及这些数据的存储时间；

9.1.4 告知每个人从他们那里获得的个人数据的处理情况，并告知资料分析中运用的数学方法和统计方法；

9.1.5 说服性软件、信息与通信技术或人工智能算法的设计和使用必须充分尊重所有用户的尊严和权利，尤其是老年人和残疾人等弱势群体。

9.2 法院使用人工智能时应遵守的共同标准框架；

9.3 所有机器、机器人或人工智能制品均须由人类控制，只要所涉机器仅通过其软件即可实现智能，则所给予的任何权力都必须能够从其上收回；

9.4 认可尊重私生活和家庭生活的新权利，拒绝资料分析、个人位置追踪、被“教练”操纵或影响的能力，老年人和残疾人在接受护理和援助时，享有机会选择与人类接触而不是与机器人接触的权利。

10 议会大会重申其在2051号决议（Resolution 2051）（2015）《无人驾驶飞机和定点清除：维护人权和国际法的必要性》（*Drones and targeted killings: the need to uphold human rights and international law*）中做出的呼吁，呼吁所有成员国和观察国及议会在议会大会中享有观察员地位的国家，避免采用任何自动（机器人）程序，根据通信模式或通过大规模监视技术收集的其他数据选择定点清除个人或对个人造成其他伤害。这不仅适用于无人驾驶飞机，也适用于具有人工智能系统的其他作战设备，以及可能对人员、财产、个人数据或信息数据库造成潜在损害，或干预隐私、言论自由、平等和不受歧视权利的其他设备和（或）软件。

11 议会大会呼吁与欧盟及联合国教育、科学及文化组织（United Nations Educational, Scientific and Cultural Organization）下的机构密切合作，以确保在国际上建立一致的法律框架和有效的监督机制。

1.1 报告的结构

欧洲理事会议会大会向拉特瑙研究所发出邀请，可能是因为拉特瑙研究所早前探讨了所谓NBIC（nanotechnology，biotechnology，information technology and cognitive technology）融合的社会意义，即纳米技术、生物技术、信息技术和认知技术之间日益增长的相互作用（Berloznik et al.，2006；van Est et al.，2012；van Est et al.，2014；Kool et al.，2015；Royakkers et al.，2016；van Est et al.，2016）。本报告将详细阐述这一系列工作，特别侧重于人权与技术融合之间的联系，以及机器人技术、人工智能、虚拟现实和增强现实的特殊趋势。

在第2章中，我们引入了NBIC融合的概念。我们解释了技术融合如何促成两大工程学潮流："生物学越来越成为技术""技术越来越成为生物学"。由于这些趋势，我们现在正经历一个历史性的转折点，在这个转折点上，技术与我们之间的距离正在迅速缩小。我们已经非常熟悉技术，换句话说，我们已经变成了人机混合体，也就是"电子人"。从历史的角度，人权与"生物学越来越成为技术"这一趋势之间的关系受到了相当大的关注，相关例证可参见《奥维耶多公约》。与此相反，人权与"技术越来越成为生物学"的趋势之间的联系迄今很少受到关注。为了解决这一盲点，本报告侧重研究这一趋势。

在第 3 章中，我们从人权的角度审视"技术越来越成为生物学"这一趋势。为了建立这种联系，我们研究了 6 种特定技术：自动驾驶汽车、护理机器人、电子教练、用于社会分类的人工智能、人工智能的司法应用、虚拟现实和增强现实。对于每一种情况，我们都列举了已经发生或可能发生的各种社会、法律和道德问题，并将它们与既定人权联系起来。例如，《保障人权和基本自由公约》（*Convention for the Protection of Human Rights and Fundamental Freedoms*），又称《欧洲人权公约》（*European Convention on Human Rights*）所规定的权利。我们举例说明这 6 种技术可能会如何加强或挑战某些人权。内容结构如下：在介绍完 3.1 节之后，我们在 3.2 节中介绍了与隐私有关的权利，其中包括保护个人数据的权利、尊重私生活的权利和尊重家庭生活的权利。3.3 节描述人类尊严可能如何受到影响，特别是在使用护理机器人方面。然后，我们在 3.4 节描述所有权问题如何影响财产权的概念。3.5 节涉及安全、责任和法律责任（侵权权利）。接下来的 3 节专门讨论自动化决策如何影响言论自由、不受歧视、诉诸司法及获得公平审判的权利（3.6、3.7 和 3.8 节）。最后一节（3.9 节）提出了两种潜在的"新"权利：不被测量、分析或指导的权利及进行有意义的人际接触的权利。

在第 4 章中，我们得出了结论，并列出了欧洲理事会可以予以考虑的建议清单。

1.2 关于研究方法的说明

欧洲理事会和欧盟委员会等国际组织的原始资料被用作本报告背景调查的主要资料来源。由于"技术越来越成为生物学"这一趋势的特点广泛（这一趋势是 NBIC 融合的一部分），因此这项研究的范围仅限于上述所提到的技术（自动驾驶汽车、护理机器人、电子教练、用于社会分类的人工智能、人工智能的司法应用、虚拟现实和增强现实）。这一方法显示了这些技术对人权的各种影响。然而，本报告既没有提供属于 NBIC 融合的新兴技术完整名单，也没有提供一份人权可能面临的挑战的详尽清单。本研究是在 2016 年 7 月至 2017 年 4 月期间进行的，使用的术语以拉特瑙研究所的工作成果为基础。

本报告特别关注欧洲议会法律事务委员会（JURI Committee）题为《机器人技术领域的民法规则》的报告，该报告由欧洲议会议员梅迪·德尔沃（Mady Delvaux）主持。欧洲议会法律事务委员会于 2017 年 1 月通过了该报告，其中包括向欧盟委员会提出的建议。该报告被视作一项决议动议的一部分。该报告呼吁欧盟委员会提出关于智能机器人的立法。该报告还建议建立一个先进机器人注册系统，由欧盟机器人技术和人工智能机构（EU Agency for Robotics and AI）管理。该报告还就如何应对机器人造成的损害提出了建议。作为决议的附件，该报告还包括机器人工程师道德行为规范（Code of Ethical Conduct for Robotics Engineers，其中包括机器人技术工程学的道德原则）和研究机构道德委员会规范（Code for Research Ethics Committees）。

关于人权的概念，报告提交人尽可能采用《欧洲人权公约》——当数据属于个人数据时——和108号决议（Convention 108）及其附件所规定的权利和自由。在适当情况下，该报告会参考欧盟立法，尤其是《欧盟基本权利宪章》（*Charter of Fundamental Rights of the European Union*）、《一般数据保护法案》（*General Data Protection Regulation*）和《电子隐私指令》（*e-Privacy Directive*）[将由《电子隐私法案》（*e-Privacy Regulation*）对其予以废除]。

2　与人类趋于一致的融合中的技术

2.1　技术成为生物学，反之亦然

技术创新往往是不同技术结合（即所谓技术融合）的结果。目前，这种融合正在大规模进行，因为纳米技术、生物技术、信息技术和认知技术这4场技术革命正相互推动。这种动态称为NBIC融合。NBIC融合意味着传统上研究生物体的生命科学与传统上研究和建立非生命系统的自然科学/工程科学之间的相互作用日益增强。这一融合在两大生物工程学潮流中有所体现："生物学越来越成为技术"及"技术越来越成为生物学"（Arthur, 2009；van Est et al.，2012）。

"生物学越来越成为技术"这一趋势意味着，在未来，将以与非生命系统（如桥梁和电子设备）极其相同的方式，对诸如基因、细胞、器官和大脑等生命系统进行设计。这一预期受以下事实支持：工程科学提供了越来越多测量、分析和干预生物体的方法。转基因公牛、克隆羊、克隆狗、人工心脏瓣膜、带有合成基因组的细菌、人类生殖细胞编辑、大脑深部刺激及说服性技术都是此类趋势的例证。"技术越来越成为生物学"这一趋势是指我们将生物体特性——如自组装、自愈、繁殖、智能行为及自主性——引入到人造技术中的雄心。因此，这一趋势体现了受生物系统、认知系统和社会文化系统启发的人工制品（未来）数量的增加。受生物系统启发的人工制品的例子是工程干细胞和3D打印的人造血管。类人形或人形机器人、人类的机器替身和人工智能是受认知系统和社会文化系统启发的人工制品的例子。

2.2　技术与我们亲密无间，技术就像我们

当我们审视自身的技术—人类状况时，上述两大工程学潮流支持如下观点：即人类与

技术的关系正变得越来越密切（van Est，2014）。我们让技术置于体内，遍布我们周围，渗透到我们之间。因此，技术可以用来收集大量关于我们的数据，并模拟人类特征的各个方面。

首先，技术存在于我们体内，或者可以说与我们非常亲近。除了生物技术，如药丸或基因治疗，许多基于信息技术的干预也正在萌发，如射频识别芯片、电子药丸、耳蜗植入、人工平衡器官和人工视网膜。因而，科技可以成为我们身体的一部分，有时甚至可以成为我们大脑的一部分。因此，可以说技术也在塑造我们的身份。

其次，技术可以大规模存在于我们人类之间。如智能手机、活动追踪器、社交媒体、大型多人在线游戏和增强现实眼镜（AR 眼镜）都是例证。这些数字机器渗透到我们的私生活和社会生活，并日益影响到人类的互动方式。

因为我们允许这些机器与自身保持亲密距离，因此其可以用来收集大量关于我们的信息。我们与周边机器——如相机、全球定位系统（GPS）、智能鞋、DNA 芯片、人脸识别技术、互联网搜索引擎和智能汽车——的互动，使我们能被数字化测量。例如，有关我们的遗传构成、健康、思想、感觉、偏好、谈话和行踪的数字数据，这些数据的收集并不是没有目的的，而是经常被用来以各种方式描述人类，其明确目标就是干预人类发展进程。对人类生活进行数字化的这 3 个步骤——测量、资料分析和干涉——与构成大数据价值链的 3 个常规步骤（即收集、分析和应用）直接相关（Roosendaal et al.，2014）。这 3 个过程共同构成了一个控制论反馈回路（cybernetic feedback loop）。

最后，一些技术越来越具有人类特征。机器可以有人类特征，我们可以被其外表所触动，也可以被其如何模仿人类活动——如驾驶汽车、展示智能行为，甚至是表达情感所触动。相关例证有自动驾驶汽车、社交机器人、数字助理、聊天机器人、谷歌翻译和 IBM 沃森智能医疗，IBM 沃森智能医疗可作为医学专业人员的临床决策支持系统。我们需要注意到，这些机器之所以有模仿人类特征或人类活动的能力，是由于存在大量关于这些人类活动的数字数据。谷歌使用人工翻译的数字化数据——如欧洲议会中人类译员生成的数据——来训练其算法。因此，收集大量有关我们的数字数据使工程师能够创造与我们人类表现行为一样的人工制品，这甚至可以增强人类与机器之间的互动。

或许我们可以得出这样的结论：在这个数字时代，我们正经历着人类与机器的不断融合。坦率地说，我们已经变成了“技术人”“人机混合体”，也就是“电子人”。在这份报告中，我们希望从人权的角度来研究技术和人类之间的这种亲密互动。

2.3 研究人类与机器的融合

到目前为止，大部分的生物伦理辩论和相关人权条约都集中在在人体内部起作用（或者说“我们体内的技术”）的侵入性生物医学技术上。人们普遍认识到，生物医学技术与人权之间有着密切的联系。《奥维耶多公约》就是围绕这一前提制定的，并制定了共同指导原则——如保护私生活，尊重自主权、知情权和知情同意权——以维护人类在生物医学领域应用创新时的尊严。与此同时，存在一系列在人体之外起作用，却仍影响着人类身体、精神和社会表现的技术。与生物医学技术一样，这些新出现的基于信息与通信技术的技术也产生了各种伦理、社会和人权问题（Stahl et al.，2016)。因此，在21世纪维护人的尊严，迫使我们审视各种与人类亲密的技术，即位于我们体内的技术（如大脑深度刺激)、位于我们身旁的技术（如脑电图神经调节)、位于我们之间的技术（如社交媒体)、收集大量有关我们信息的技术（大数据）和与我们人类表现行为一样的技术（如机器人和智能环境)。本报告旨在研究各种与人类亲密的技术与人权之间的关系。由于位于我们体内的技术与人权的关系已经被广泛研究、辩论与规范，因此本报告侧重于研究与非侵入性的和人类亲密的技术有关的人权问题，即位于我们身旁的技术、位于我们之间的技术、收集大量有关我们信息的技术及与我们人类表现行为一样的技术。

为了表明这一组技术，物联网这个术语经常被提到和使用。互联网已经渗透到整个社会，尤其是通过智能手机，互联网正触及更多领域。现代机器人技术正是基于这些现有网络，同时也改变了这些网络的本质。基于机器人技术，互联网通过传感器被赋予“感官”，通过执行器被赋予“手和脚”。机器人物联网（internet of robotic things）正通过这种方式形成。一系列新兴信息与通信技术，如传感器网络、互联网、大数据、人工智能和机器人技术，正在这一发展趋势中发挥作用。这些信息与通信技术的普及程度不断提高，导致人类和机器之间、我们的线上与线下活动之间、物质世界与虚拟世界之间、现实与虚拟现实或增强现实之间的差别越来越模糊（Floridi，2015)。为了表明这一人类状况，使用了“生命之上”（onlife）这一术语（Floricli，2015)。

在这个生命之上的世界里，我们与各种智能或数字编码的人工制品进行互动。我们列举了这些智能人工制品的4个特点，以说明我们与其交互的许多方式。第一，涉及人工制品所处的环境。一些智能人工制品只能在数字环境中蓬勃发展。这些智能人工制品被称为软件代理或软件机器人（softbot)。能够在物质世界中蓬勃发展的智能人工制品是物理机器人，物理机器人可以看作是物理形式的人工智能。第二，智能人工制品可以有一定程度的自主性。当一个人能控制机器所做的事情，那么可以说这个人“在决策圈内”。当人在决策圈内时，操作者和机器的位置可能不同，这使得人们可以远程行动。当机器自主行动时，可以说人“不在决策圈内”。当人和机器在一定程度上都处于控制状态时，人被称为“在决策圈上”。第三，人类与这些智能人工制品的相互作用也是由其外观所决定的。如果软体机器人或物理机器人看起来像机器，人们就会称之为机械机器人（mechanoid)。类动物和类人机器人被称为似人机器人（humanoid)。在美学上类似于人类的似人机器人被称为人形机器人（android)。第四，智能人工制品可以以各种方式影响我们对世界的感知途径，虚拟现实或增强现实就是此类例证。

人类与智能人工制品之间的每一种互动都可能引发各种人权问题。本报告不能提供完整的情况。我们研究了6种特定技术：自动驾驶汽车、护理机器人、电子教练、用于社会分类的人工智能、人工智能的司法应用、虚拟现实和增强现实。这6种特定技术的选择都是受前文所描述的智能人工制品的4个特点所指导的。因此，我们预计，我们的研究将充分全面地概述与融合中的技术——特别是机器人技术和人工智能有关的人权问题。

3 与智能人工制品有关的人权

3.1 介绍

本章探讨6种不同类型的智能人工制品——自动驾驶汽车、护理机器人、电子教练、用于社会分类的人工智能、人工智能的司法应用、虚拟现实和增强现实——可能如何加强、挑战或侵犯我们的人权。关于技术对人权的影响，我们坚持克兰茨伯格（Kranzberg，1986）所称的："技术既不是好的也不是坏的，也不是中立的。"这意味着技术可能产生一系列不同的社会影响和道德影响，但我们应该认识到，这些影响可能因技术使用的方式和背景而有很大不同。由于技术设计在技术如何影响人类生活和基本权利方面发挥着重要作用，因此设计选择是本章中反复出现的主题。

智能人工制品可能会挑战人权的不同方面，如自由（隐私和数据保护、所有权、自主权、人格权）、平等（更具体地说，不受歧视）和正义（公平审判、诉诸司法）。关于人权，我们主要指的是欧洲理事会的条约、章程和文件中规定的原则，或在适当情况下指的是《欧盟基本权利宪章》中规定的原则。因此，智能人工制品的影响首先是在以下7项现有人权的背景下进行讨论的：尊重私生活和家庭生活的权利（3.2节），人的尊严的权利（3.3节），和平享有财产的权利（3.4节），侵权权利和安全（3.5节），言论自由及思想、良心和宗教自由的权利（3.6节），不受歧视的权利（3.7节），诉诸司法及获得公平审判的权利（3.8节）。

此外，3.9节阐述了两种潜在的"新"权利：①不被衡量、分析或指导的权利；②进行有意义的人际接触的权利。这两种"新"权利都间接与现有人权相关联，并旨在阐述现有人权，如非常经典的不受干涉的隐私权（对于前者而言）及尊重家庭生活的权利（对于后者而言）。这些权利可能是如今保护人类利益所必需的，因为现在这个社会，不仅把"机器"放置于人类身上（这在一定程度上属于《奥维耶多公约》的范畴），而且，人类正愈加成为"机器"的一部分，即机器人物联网。

前一章介绍了大数据的价值链，包括大数据的收集、分析和应用。本章将研究不同类型的价值链如何挑战各种人权。互联网已经证明自身是收集、分析和应用数据的有力工具。互联网也促成了监视资本主义（surveillance capitalism）的到来，其特点是大量的数据收集和分析、心理实验和个性化说服（Zuboff，2015）。我们现在正目睹机器人物联网的兴起，正如第2章所解释的那样，其给互联网带来了"感官"及"手和脚"，因此，与互联网相比，其提供了许多收集数据和干预我们日常生活的新方法。就互联网而言，这些行动是由软件机器人发起的，而在机器人物联网方面，这些机器人的外观各异，有具有器具外观的，也有人型外观的。在某种程度上，已确认的与互联网虚拟世界有关的人权问题也适用于物联网这一虚拟与现实混合的世界。然而，在某些情况下，新兴机器人技术以不同的方式影响人权。本章旨在阐明互联网与软件机器人、物联网与物理机器人之间的相似点和不同点。

3.2 尊重隐私的权利

在历史上，我们从未收集过如此多的个人数据，并将其存储在诸多地方进行分析和使用。Strand 和 Kaiser（2015）认为，这一发展如何影响隐私权这一人格发展的基本要素，存在相当大的不确定性。事实上，他们评论说，这种不确定性本身就是一个主要问题。本节通过研究各种应用环境，探讨物理机器人或软件机器人在多大程度上挑战尊重隐私的权利。

在提及“尊重隐私的权利”时，我们指的是《欧盟基本权利宪章》第 8 条第 1 款所明确提及的，以及在第 108 号决议中规定的保护个人数据的权利，以及《欧盟基本权利宪章》第 7 条和《欧洲人权公约》第 8 条所规定的尊重私生活的权利。

首先，我们研究了个人数据保护如何受到通过互联网（主要是万维网）运行的软件机器人的挑战，以及作为机器人物联网一部分的物理机器人如何影响个人数据保护权。其次，我们分别关注软件机器人和物理机器人如何在虚拟（互联网）世界和现实环境中影响尊重私生活的权利。最后，我们描述了物理机器人如何干预人类与其他人建立和发展关系的权利。

3.2.1 保护个人数据的权利

（1）个人数据保护及法案

互联网的主要商业模式是建立在大规模监视之上（Schneier，2013）。例如，脸谱网（Facebook）每月处理其 18.6 亿名活跃成员的数据，有时还处理不属于这个社交媒体网站的其他人的数据（Roosendaal，2012；van Alsenoy et al.，2015）。科辛斯基（Kosinski）等（2013）声称，脸谱网用户的网上冲浪行为（如他们的“赞”的数量）可能揭示了许多关于这些用户生活的个人敏感信息，如他们的年龄、性别、性取向、种族、宗教和政治观点、性格特征、智力水平、幸福感水平、是否使用成瘾物质及父母是否离婚等。

数据保护法案适用于个人数据处理过程。例如，欧洲理事会在 1981 年通过的 108 号决议载有公平合法收集和自动处理个人数据的原则。该决议还为个人提供了控制措施。例如，有权确认是否储存其个人数据，以及有权更正这些数据。为了使欧洲适应数字时代，欧盟方面做出了很大努力，制定了《一般数据保护法案》（自 2018 年 5 月 25 日起适用）。除此之外，电子隐私指令将被一项电子隐私法案废除，该指令涵盖了各种主题。例如，在用户设备上存储网络跟踪器 cookie 之前必须征得用户同意。

（2）互联网

考虑到个人数据的广泛定义，互联网和个人数据处理是密不可分的。即使是 IP 地址（用于识别连接到互联网的设备）的处理，也可以激活数据保护法案的适用性。在互联网上进行的处理活动所产生的数据保护问题已经被详细描述。例如，就大数据分析（big data analytics）而言，为新的或不兼容的目的使用数据、数据最大化、缺乏透明度、可能发现敏感信息、重新识别的风险、安全隐患和错误数据，都是对个人数据保护构成挑战的问题（Berlin Telecom Group，2014）。例如，与行为目标（behavioural targeting）相关的（大）数据分析的其他影响包括，选择要么接受要么离开，如“cookie 墙”的使用，除非人们同意网站所有者跟踪其活动，否则他们无法登录该网站（Zuiderveen Borgesius，2014）。

欧洲理事会处理了许多这些“大数据”问题。例如，科尔夫（Korff，2013）题为《互联网的使用和相关服务，私生活和数据保护》（*The use of the Internet & related services, private life & data protection*）的报告和鲁弗罗伊（Rouvroy，2016）关于大数据世界中的基本权利和自由。事实上，108 号决议目前正在实现现代化，以应对由于使用新的信息与通信技术给隐私带来的挑战。2017 年 1 月，108 号决议磋商委员会（The Consultative Committee of Convention 108）通过了关于大数据的指导原则。涉及数据被用于自动化决策时产生的问题，包括资料分析（profiling），请参考 3.6 节（言论自由）和 3.7 节（不受歧视）。

（3）物联网

在互联网服务方面出现的大多数数据保护面临的挑战也适用于物联网。与通过互联网运行的网站和应用程序类似，物联网内的机器可以用来收集数据。如汽车机器人，可以记录周围环境或监视其旅行路线（位置数据）；再如护理机器人，其可以追踪老年人的脸部表情或情感（生物特征数据）。店主们已经使用技术来追踪店内顾客，甚至监视那些经过他们店的人。如谷歌（Google）、亚马逊（Amazon）、苹果（Apple）和微软（Microsoft）之类的科技公司已经制定了在家里及家周围收集数据的商业策略。因此，一个人的家——过去曾是他/她的城堡——已经成为通过智能手机、智能电表或智能电视等使其活动或行为不断被“监视”的地方。借由物联网进行的数据收集使这些公司能够详细了解数百万人的行为和生活。有时，数据收集是法律规定的。例如，为汽车上的电子呼叫系统配置智能仪表或行车记录仪。

物联网的兴起提出了数据处理的透明度问题，以及个人能够如何行使 108 号决议或《一般数据保护法案》所规定的权利的问题。合法数据处理的主要支柱之一——个人对计划处理活动的知情同意——将继续受到挑战（Eskens et al.，2016）。人们周围的“智能”设备越多，个人就越难以控制所有这些设备的数据处理活动。在某种程度上，数据保护法案涵盖了这些数据的处理，为个人提供了某些权利和保障。然而，这些数据的分析和使用可以影响到人权，尤其是《欧洲人权公约》第 8 条提到的尊重私生活的权利，该条包括保护个人的自主权、信息隐私和自主决策。因此，即使处理个人数据的一方——如国家或公司——遵守《数据保护法案》规定的所有义务，尊重私生活的权利仍可能受到干扰。

(4) 建议

国家或公司通过互联网或物联网进行的当代监视，本质上涉及个人数据的处理。研究人员仍在试图全面了解这种监视对个人生活造成的不利影响。已知影响并不令人欣慰。监视不仅会在言论上产生寒蝉效应（影响言论自由，如阻碍记者恰当地完成其工作），而且还会导致诸多行为上的影响。例如，由于监视，个人遵从其感知的群体规范。即使在人们没有意识到他们在遵从的情况下，这种遵从效应也会发生（Kaminski et al.，2015）。作为监视－创新综合体（surveillance-innovation complex）的一部分，国家和公司都在各自的监视活动中相互促进（Cohen，2016）。

存在各国政府普遍大规模收集数据的可能性，且目前几乎还没有就此类问题展开的基本政治辩论和公开辩论，一些机构，如（国际）国家法院，对这些问题表示了担忧。例如，在国际一级，欧洲人权法院（European Court of Human Rights）和欧盟法院（Court of Justice of the European Union）多次对国家监视活动及其对隐私权的影响表示担忧。为此，欧盟法院宣布数据保留指令（Data Retention Directive）无效。在国家一级，英国调查权力法庭（British Investigatory Powers Tribunal）裁定，在10多年里，英国情报机构非法收集有关无辜公民的数据，并非法追踪他们的电话和网络使用情况。

关于公司实行的监视，欧盟委员会提议改革欧盟数据保护法案，最终形成了《一般数据保护法案》。此外，还提出了《电子隐私法案》，该法案将取代《电子隐私指令》。

法院的裁决及监管机构提出的决定和担忧表明，公司和国家经常干涉个人数据保护权。乔治城大学（Georgetown University）的法学教授朱莉·E. 科恩（Julie E. Cohen）说：“（我们）公民已经沦为原材料——在一个奇怪的编造的有关数据和监视的‘私有化公地’上，被获得、交换和开采。”她的结论是，社会的未来依赖于确保我们的制度是在对抗而不是强化权力的不对称性，“允许我们所有人都被当作公民，而不是原材料”。

鉴于上述情况，我们建议欧洲理事会对现代普遍存在的大规模个人数据处理采取立场，强化各公约所载的人权原则。

3.2.2 尊重私生活的权利

随着时间的推移，欧洲人权法院对《欧洲人权公约》第8条所规定的“尊重私生活的权利”进行了解释，认为这一权利是一个宽泛的术语，不可能有详尽的定义。尊重私生活的权利不限于个人住所，也适用于其他场所，如工作场所。此外，关于受《欧洲人权公约》第8条保护的尊重私生活的权利，欧洲人权法院不仅注重消极自由、人的尊严和个人自主，还注重自我表达、个人发展和人类的繁荣（van der Sloot，2014）。

从技术的角度来看，这一小节的重点是“计算机是说服性技术”，通常缩写为captology。captology包括设计、分析和研究用于改变人们态度或行为的交互式计算机产品（计算机、移动电话、网站、无线技术、移动应用程序、电子游戏等)。说服性技术依赖于数据收集，以及通过人工智能和智能接口进行的分析。首先，我们讨论在互联网上大量秘密使用说服性技术及其对人类的影响，以及他们尊重私生活的权利。其次，我们讨论通过智能可穿戴设备和说服自愿进行自我监视。我们阐述了人们如何使用电子教练（e-coaches）来（共同）引导自身生活，以及这如何（无论是积极地还是消极地）影响他们的自主权和自主决策——这是尊重私生活的权利的一部分。最后，我们描述了说服性护理机器人可能如何干涉或加强尊重私生活的权利。

(1) 大规模心理实验与互联网上的说服

说服性技术在赌博产业中已经使用了几十年，特别是应用在计算机化的老虎机中(Schüll, 2013)。通过吸引人的数字和视频技术，这些老虎机将玩家带入一种恍惚状态，玩家称这种状态为“机器空间”。在这种状态下，他们的日常忧虑、身体意识甚至自我意识都会消失。一旦进入“机器空间”，赌博成瘾者玩游戏不是为了赢，而是为了继续玩下去。他们正与机器合为一体，或者换句话说，他们被困在旨在吸引他们的机器回路中。根据舒尔（Schüll，2016）的说法，这种小的、重复的刺激和反应反馈循环，即所谓的强迫循环，在世界范围内越来越多地被使用，特别是应用在在线游戏中。

像互联网之类的虚拟环境，如生活实验室对于心理学而言就像回旋加速器对物理学而言一样（Biocca，2003；Pentland，2014)。例如，智能手机应用程序或网站可以衡量人们与这些应用程序的交互方式。通过这种方式，每天有数百万人在互联网上接受测试。Schutz（2016）谈到了“历史上最大的心理实验”。通过 A/B 测试——一个包含两个或两个以上变量的随机实验——我们收集了关于我们的行为和大脑如何做出选择的信息。基于这些测量，应用程序会自动调整其内容，以测试（比如）我们认为哪种配色方案看起来最好，还可以说服用户购买一件物品，点击某个广告或延长其使用该应用程序的时间。就像老虎机一样，应用程序的财务价值主要取决于用户使用时长。埃亚里（Eyal，2014）在《上瘾：如何打造习惯养成型产品》一书中解释说，应用程序的设计者运用基本的老虎机心理学来使用户上瘾。例如，脸谱网利用害怕错过的心理现象（fear of missing out，FOMO）来诱使用户在该网站上花时间。魏斯伯格（Weisberg，2016）在他对关于人们如何与社交媒体和移动媒体互动的各种书籍的评论中得出了一个令人担忧的结论：“你读得越多，你就会越觉得我们正处于一场新的鸦片战争中，在这场战争中，营销者将上瘾作为一种明确的商业策略。这一次，推手们带着糖果色的应用程序来了。”在这方面，这也可能是一个与健康权有关的人权问题。同样，乔纳森·哈里斯（Jonathan Harris）将软件和医学“在治疗和伤害的双重能力上”做了一个比较（Harris，2012)。崔斯坦·哈里斯（Tristan Harris）——倡导团体“利用好时间”（Time Well Spent）的创始人之一——提议工程师们应该做出“希波克拉底誓言”，保证开发尊重人们能动性的软件（Bosker，2016)。在医学和生物技术领域，公司通常有道德委员会或道德审查委员会。此外，有多次请求要求信息技术公司和信息技术研究机构设立这类委员会（KNAW，2016；Hern，

2016）。

开发说服性技术的各方利用从神经科学和心理学中获得知识。心理学家和从事心理学研究的人都有道德准则（见下文）。问题是，各方是否应该根据这些行为规范使用说服性技术。当然，情况并不总是这样。例如，2012年，脸谱网和康奈尔大学的学者试图通过新闻信息流影响近700 000名脸谱网用户的情绪（Kramer et al.，2014），但他们这一行为并没有得到用户的知情同意或伦理委员会的适当批准，用户不知道他们的情绪受到相当负面或正面的新闻信息流的影响。这些影响性的活动不仅明显干预个人的自主权和自主决策，而且还影响个人的思想、良心和宗教自由（Strand et al.，2015）。另一个例子是在线交友网站Okcupid，其进行了一些实验，旨在测试会员个人信息的哪些方面最能吸引其他会员（Grimmmelmann，2015）。Okcupid的联合创始人告诉《卫报》（*The Guardian*）说："如果你使用互联网，那么你在任何时候、任何地点都是数百个实验的实验对象。网站就是这样运作的。"在各种组织通过网站或应用程序推动人们产生某类情感并做出某些选择时，人们如何选择自己的道路呢？当人们没有意识到自己受到了影响时，这个问题就变得尤为紧迫，因为这使他们几乎无法抵抗这些影响性活动。

（2）心理学家的道德规范和心理实验的实施

实验性的——有时具有说服性——行为可能会对人类产生负面影响，这解释了为什么心理学家和大学都制定了自己的道德规范，如《世界心理学家道德原则宣言》（*Universal Declaration of Ethical Principles for Psychologists*）、欧洲的《元守则》（*Meta-Code*）和欧洲心理协会联合会（European Federation of Psychological Associations）的《标准守则》（*Model Code*）。这些国际原则和准则可以为各国提供借鉴。例如，荷兰心理学家协会（Netherlands Institute of Psychologists，NIP）制定了《心理学家道德准则2015》（*Code of Ethics for Psychologists* 2015），该准则明确提及《欧洲人权公约》和《儿童权利国际公约》（*International Convention on the Rights of the Child*）。从这些法律渊源中产生的心理学家的义务已尽可能纳入荷兰心理学家协会所制定的准则（NIP Code）中。

NIP Code中涉及的主题包括心理学家的责任、诚信、专业知识，以及他们对客户应有的尊重，该准则还包括对投诉程序的说明。NIP Code第12条规定："心理学家必须尊重当事人的基本权利和尊严。心理学家必须尊重当事人的隐私权和保密权。"关于科学研究，NIP Code第85条规定："心理学家可根据要求，为第三方提供数据以用于科学研究目的。提供这些数据的方式不能泄露客户信息，除非从该科学研究的目的来看这是不可能的。在这种情况下，这些数据只能在客户同意的情况下提供。"与《奥维耶多公约》相类似，NIP Code认为，为维护客户的权利和利益，知情同意是重要的。

尽管NIP Code针对的是心理学家，而不是开发机器人技术或人工智能的科技公司，个人不应仅仅因为他们没有处于传统的心理学家-客户关系中被实施心理学实验而受到较少保护。值得注意的是，虽然这些实验正在通过互联网（和物联网）大规模进行，但人类受试者并不知道这一点，也没有同意这些实验活动。NIP Code规定了投诉程序，如果投诉成功，那么心理学家的荷兰心理学家协会成员资格可能会被终止。公民可能并不总是清楚自己是否有权对网站所有者或应用程序所有者进行的实验活动提出投诉，如果如此的话，如何做到这一点，特别是如果他/她不知道实验的进行及数据保护法案不适用，如因为没有涉及个人数据的处理。

（3）物联网中的自愿自我监视与说服

人们使用电子教练以更好地管理自身生活（Kool et al.，2015）。这些电子教练系统通常使用整合到智能可穿戴设备中的软件机器人。例如，Fitbit 是一款可以进行自我跟踪的智能手环。这款设备监控个人行为——如个人的睡眠模式或饮食——以指导他们改善生活方式（如睡得更好，勤加锻炼或减肥）。这种电子教练登记的数据总和构成个人的双倍数据（data double），是该个人日常生活量化的一部分（WRR，2016）。

这是一种自愿自我监控的形式，这种监控由所谓的量化自我（quantified self）行动所推动。个人进行量化其目标是掌控自身的生活质量，以利于他们的自主权和自主决策。事实上，电子教练可以通过鼓励和帮助用户获得足够的锻炼来增强他/她的自主权（Kool，et al.，2015）。

即使电子教练的使用者有意掌控自己的生活，他们也需要考虑到这一技术涉及很多利益方。这些利益方可能与电子教练用户存在利益冲突。例如，雇主可以试图强迫其雇员戴上电子教练，以跟踪他们的活动。通过这样做，雇主可以建议或引导雇员进入某种生活方式。除了对个人私生活的明显干扰外，电子教练登记的数据可能包含应谨慎处理的健康信息。这也是对个人信息隐私的干涉，因为个人失去了对其个人信息的控制。除雇主外，电子教练的开发商亦会控制所收集的数据。这些数据被用来“告诉”用户应该如何调整他们的生活。这里存在着不必要的操纵的风险，在这种情况下，“自治”变成了“他治”（Fuchs，2015）。例如，第三方及开发人员也参与了接收数据并对数据进行分析，以达到他们自己的商业目的。最近，当挪威消费者委员会（Norwegian Consumer Council）向挪威数据保护机构（Data Protection Authority）投诉健身应用程序 Runkeeper（全球有 3300 万注册用户）时，这一情况得到了报道。消费者委员会称，无论在何时使用应用程序或手机，该应用程序都会跟踪用户并向第三方发送个人数据。

拉特瑙研究所建议，电子教练的技术开发人员应当公开他们所采用的说服方法，以确保个人享有作为其生活中主动管理者的能力（Kool et al.，2015）。人们应该能够监控信息传递给他们的方式。这也意味着收入模式的透明度应该是强制性的。与护理机器人（见下文）相比，电子教练可以以建议的形式提供护理，如生活方式或心理咨询。为了解决电子教练的质量问题和其开发人员的责任问题，应该制定一项认证标准，告知用户电子教练应用程序和设备的质量。

（4）作为说服性技术的护理机器人

护理机器人的设计初衷是为了向儿童、老年人或残疾人等弱势群体提供照料。机器人的应用既能使人受益，也会损害人的自主权和自主决策。例如，那些在老年人换衣服或洗澡时提供帮助以提高他们的自主性的机器人。再如，日本机器人罗贝尔（Robear）可以在没有人类照顾者帮助的情况下，将需要照料的人从床上抬起来。因此，如欧洲理事会的《社会宪章（修订版）》（*Revised Social Charter*）第23条所述，这些机器人可使老年人能够在社会中发挥积极作用，独立生活。

与此相反，护理机器人也可能会约束老年人——如果其开发者有意这样编写程序。例如，在提醒别人服药时，机器人态度能有多强硬？如果有人拒绝服药怎么办？不必要的家长式作风的危险在这里起了作用。在这种情况下，机器人技术将迫使用户采取特定的行动路线，因为开发人员知道什么对这些用户是最好的（van de Poel et al.，2011）。夏基（Sharkey，2012）认为机器人介入的程度将影响护理机器人的自由度。风险在于，我们可能使情况变糟，制造出“独裁机器人”（Koops，2013）。

如第2章所述，物理机器人是人工智能的体现。机器人的这一体现为改善人类与机器之间的互动提供了机会。正如社交护理机器人一样，机器利用人的能力将人类的形态、特征、情感和意图赋予机器。机器人技术利用这种拟人化的能力，开发出社会机器人，使其在情感层面上与人类互动（Royakkers et al.，2016）。拟人化技术是指人们有一种强烈的倾向，将人类的动机、特征或行为施加给动物和无生命物体（Royakkers et al.，2016）。工程师可以利用这种强大的社会心理现象来构建说服性技术。但是，这种现象的适用范围是什么？我们希望把人和机器之间的情感纽带部署到什么层次？我们如何确保人类和机器之间人为建立的信任不会被滥用呢？由于人们可能沉迷于手机或虚拟现实女友，完全可以想象，人们会对社交智能产品——如社交机器人——产生强烈情感。伊里毛拉（Ylimaula，2010）认为，技术或者说其背后的行为者，应该避免控制他人生活，应该在他人的自主权方面保持“协助”作用。在这方面，尊重隐私权也意味着不受控制（not being controlled）（Borgesius，2014）。

（5）建议

除了大规模监视和心理实验之外，在此两者的支持下，借助于信息与通信技术进行的说服工作也正在大规模进行。欧洲理事会可以就在互联网和心理学家或人类学家等专业领域之外进行的涉及人类的心理实验形成意见，因为这些活动可能对个人的自主权或自主决策产生重大（负面）影响。做心理研究需要遵守道德规范。欧洲理事会应阐明在互联网上进行心理实验的公司是否应该遵守同样的道德规范。

为了影响人们的行为，公司和政府利用强大的社会心理现象，如害怕错过和拟人论，这些可能导致上瘾，将人拉入“机器空间”，使人失去自主权。欧洲理事会可以就是否和如何开发尊重人们能动性的说服性软件形成意见。例如，这可能意味着说服技巧既不能太致瘾，也不能太专制。在这方面，欧洲理事会可以制定公平的说服原则。例如，使人们能够监测信息传递给他们的方式，并要求公司公开其采用的说服方法。

3.2.3 尊重家庭生活的权利

尊重私生活的权利包括与他人与外界建立和发展关系的权利，特别是在情感领域，以发展和实现自己的个性。这被称为尊重家庭生活的权利。

(1) 社交技巧与社交技巧退化

在过去几年里，关于新的信息与通信技术如何影响人们的情感和社交技能及人际关系质量的争论越来越多。临床心理学家和社会学家特克尔（Turkle，2011、2015）在这场辩论中提出了有影响力的观点。她发现，由于许多年轻人沉浸在自己的电子设备中，他们无法完全发展成独立的自我。例如，密歇根大学的研究人员发现，自 21 世纪初以来，美国学生的移情能力明显下降，部分原因是社交媒体的使用和内容造成的（Konrath et al.，2011）。由于人们对其电子设备的依赖，特克尔（Turkle）发现了社交技巧退化这一风险：无法应对其他人类的问题和缺点，以及不愿意投资于人际关系。如果我们将这种情况推向极端，那么人类和技术之间越来越少的强制性关系，将会导致人类对亲密关系的抵触。

当机器人被赋予社交能力时，这会如何挑战尊重家庭生活的权利呢？某些类型的机器人配备有人工智能，并被编程为模仿社交能力。例如，聊天机器人与用户建立对话，护理机器人可以使用情感计算来识别人类情感并随后调整自身行为（van Est et al.，2014）。机器人或许能够加强人际关系。想象一下一个护理机器人，比如荷兰护理机器人爱丽丝，它问受护理者最近有没有联系他们的家庭成员，目的是（重新）建立联系和维持他们的（家庭）关系。关于 Paro（一种海豹柔软机器人）在养老院老年人护理中的作用的几项研究似乎表明，老年人的情绪得到改善，抑郁水平有所下降；他们的精神状况也得到改善，生活在养老院的人之间的沟通加强，他们的社会联系也得到增强（Hansen et al.，2010）。然而，随着人与人之间交往时使用的技术增多，潜在风险是机器人可能会干预尊重家庭生活的权利——这是机器人如何影响其使用者的一种（非）故意后果。由于拟人化，像老年人这样的弱势群体可能会认为社交机器人是一个真实的人——比如他们的孙子。如果不谨慎对待这种情况，受护理者可能把注意力放在护理机器人，而不是他/她的家庭成员或其他人身上。设计人员和开发人员应该意识到由拟人化造成的人类－机器人关系的力量。

关于虚拟现实或增强现实技术，可以提出类似的论点。一方面，这些技术可以提高个人与别人建立和发展关系的能力。例如，这种技术可以促进家庭成员之间的交流。微软研究院（Microsoft Research）在其“全息传送”演示中说明了这一点。另一方面，这些技术也可能削弱个人建立和发展关系的能力。例如，如果一个虚拟世界被设计成阻止用户与他人进行（有意义的）接触，却鼓励他们与虚拟实体进行互动，那么用户可能会沉迷于虚拟世界，同时却忽略了他/她的人际关系。

(2) 建议

信息与通信技术既可以提高个人与他人建立和发展关系的能力，也可以减弱个人与他人建立和发展有意义的关系的能力。欧洲理事会可以就如何设计信息与通信技术，使其符合尊重家庭生活的权利提出意见。

3.3 人的尊严

人的尊严是基本权利的核心原则之一。其是欧洲人权法院所强调的大多数价值观的基础。《世界人权宣言》（*Universal Declaration of Human Rights*）第1条——欧洲人权法院的基础——规定："人人生而自由，在尊严和权利上一律平等。他们富有理性和良心，并应以兄弟关系之精神相互对待。"《欧盟基本权利宪章》对这一概念表示确认，指出人的尊严不可侵犯，必须得到尊重和保护（第1条）。根据该宪章，人的尊严（除其他外）包括生命权（第2条）和人格完整权（第3条）。

欧洲人权法院没有明确提到"人的尊严"。然而，与欧洲人权法院有关的若干法律渊源强调了其重要性。例如，欧洲人权法院认为："公约的实质是尊重人的尊严和人的自由。"此外，关于生物学和医学的应用，《奥维耶多公约》明确规定，公约缔约国必须保护所有人类的尊严和身份，并保证人人不受歧视地尊重他们的完整性、其他权利及基本自由。

人的尊严本身不仅是一项基本权利，而且也是自由和其他权利的基础（EDPS，2015）。因此，如果技术的使用干涉了人的尊严，那么这些技术也可能干涉其他权利，如尊重私生活的权利。欧洲议会法律事务委员会在其报告中解释说，与机器人的交流和互动有可能对现实关系和道德关系产生深远影响（JURI Committee，2017）。本节将讨论护理机器人产生的这些影响。

（1）护理机器人

从人权的角度来看，应该谨慎使用技术来帮助老年人，因为老年人可能属于受若干法律渊源保护的弱势群体。这些法律渊源强调了老年人独立生活和充分参与社会的重要性。相关例证是欧洲理事会的《社会宪章（修订版）》（*Revised Social Charter*）和《欧盟基本权利宪章》（*Charter of Fundamental Rights of the European Union*）。此外，欧洲理事会促进老年人人权部长委员会第CM/REC（2014）2号建议［Recommendation CM/Rec（2014）2］强调，老年人应当能够充分且有效地参与和融入社会，所有老年人都应当能够过上有尊严的安全的生活，不受歧视、孤立、暴力、忽视和虐待，并尽可能大地享有自主权。欧洲理事会人权事务委员（Commissioner for Human Rights）托马斯·哈马伯格（ThomasHammarberg）在其报告的结论中总结道，必须始终尊重老年人的尊严。在安排护理机器人帮助老年人时，应考虑到这些因素。

与我们在3.2节中做出的关于尊重私生活的权利的评论相比，使用护理机器人——辅助性技术——既可能对个人尊严产生积极影响，也可能产生消极影响。例如，非人性化版本的机械喂养将使老年人在如何获得营养方面丧失选择或自主权。相反，"我的勺子"

（My Spoon）的用户声称，这个喂食机器人重新给了他们尊严，因为其为他们提供了保持独立的机会，而且可以在吃饭时保护他们的隐私（Leroux et al.，2012）。

机器人的设计和培养起着重要的作用。My Spoon 的开发人员承认，韩国的一些老年人用户讨厌把碗放在他们嘴巴面前，他们更愿意像普通人一样进食。因此，我们将重点放在使用桌面托盘上（Song et al.，2012）。因此，为了在不影响安全的情况下保护尊严、隐私和亲密行为，定制解决方案是必要的（Vermesan et al.，2015）。例如，在欧盟资助的尊重老年人（Value-Ageing）项目中，建议机器人必须能够向用户传达其做某事的意图，而且用户必须能够取消目标行动或彻底关闭机器人（Vermesan et al.，2015）。

社交机器人的发展尤其是一个敏感领域。与机器人的交流和互动可能会对我们社会中的现实关系和道德关系产生潜在影响。根据欧洲议会法律事务委员会的说法，这种情况尤其适用于护理机器人，因为人们可能会对其产生情感和依恋（JURI Committee，2017）。这引起了对人的尊严（除此之外还有其他）的担忧（JURI Committee，2017）。事实上，有人认为，如果老年人在某种程度上被迫将无生命的物体视为他/她社会生活的全部，这可能会损害自尊（Mordini et al.，2008）。

（2）建议

最近，在第 38 届数据保护和隐私委员国际会议（International Conference of Data Protection and Privacy Commissioners）上，发出了设计和开发保护人权的机器人技术的呼吁，欧洲数据保护监督员（European Data Protection Supervisor）在会上强调，工程技术和方法的开发，应当使得人工智能和机器人技术能够充分尊重个人尊严和权利（EDPS，2016）。欧洲理事会可以遵循这一呼吁，就如何尊重个人尊严和权利提供指导原则，这将使老年人等弱势群体能够充分且有效地参与到社会中，过上有尊严的生活。

3.4 所有权

3.4.1 所有权和享有财产的权利

所有权是一个人权问题，除《欧洲人权公约第一议定书》（*the First Protocol*）第 1 条规定的情况外，有权享有其财产的自然人（人类）或法人不应被剥夺其财产。该条直接保护财产所有人不受国家的干涉，并责成国家保护财产所有人不受第三方——如官员或公司——对其和平享有财产的干涉。财产权可以适用于包括无形物品在内的各种物品。欧洲人权法院的判例法表明，《欧洲人权公约第一议定书》第 1 条所提供的保护可以说是外延宽泛的，因为其包括保护知识产权、商业商誉、福利、对财产的合同权利及如域名之类的虚拟资产（Sganga，2014）。在当今技术融合的时代，所有权的概念是如何受到挑战的？

在所有权方面，有两大主要发展。首先，人们所拥有的物品——如他们的家园或土地——可能成为虚拟现实或增强现实的一部分。这就提出了以下问题：如果你拥有你的土地，你是否也拥有别人分配给这块土地的虚拟空间？

其次，物品的使用产生了所有权问题，如机器人化的汽车或智能手机。这个问题有两个方面。一是这些设备是（机器人）物联网的一部分，因此与网络相连。这使设备用户以外的实体能够控制设备，有效地干涉用户对设备的使用。如果设备被购买，那么当制造商或以前的所有者可以禁用或控制该设备时，买方是否有可能和平地享受他/她的财产呢？二是该物品作为（机器人）物联网的一部分（被购买、租用或被他人使用），服务于各种各样的目的来记录数据。例如，对于需要这些数据才能安全操作的机器人化汽车，情况尤其如此。设备用户是否拥有这些数据——包括可以启动数据保护法案的个人数据，以及属于知识产权法等其他法律制度范围内的非个人数据。这些问题很难在现行立法的基础上回答，因为欧盟委员会开展的一项研究证实，欧盟或国家法律文书都没有明确处理数据所有权问题（DG CONNECT，2016）。

3.4.2 虚拟世界与增强现实

当作为虚拟现实或增强现实的一部分而创建的人工制品被置于现实世界中的财产“上面”时，所有权问题就产生了。例如，当游戏“精灵宝可梦：出发”（Pokémon：Go）的开发商在现实世界的住宅和环境之上放置虚拟人物——宝可梦（Pokémon）——供玩家寻找和捕捉时，就引发了关于非法侵入他人占地、土地权和财产合法边界的讨论。“精灵宝可梦：出发”的开发商并没有征得土地所有者的允许就将旗下游戏人物放置在与土地所有者的现实住宅、花园或其他财产同样的地理位置上。美国、日本和德国的纪念性网站的所有者对此并不感兴趣，他们希望阻止玩家在他们的现实场所找到虚拟的宝可梦。在有些情况下，游戏开发商回应了他们的投诉，并将游戏角色从其财产的相应位置坐标中移除。荷兰海牙市对游戏开发商提起诉讼，因为他们声称寻找虚拟宝可梦的玩家在这样做时破坏了自然保护区。这一争端已在庭外解决，目前仍不清楚荷兰市政当局——作为所谓自然 2000（Natura 2000）保护区的所有者——是否有援引与财产权有关的法律论据。

基于财产权的论点是可行的。在新泽西、佛罗里达和密歇根的美国居民提出的一个案件中，原告争辩说，虚拟宠物宝可梦会促使人们在现实中侵犯他们的土地。他们还声称，未经他们许可，在他们的私人财产上或附近布置虚拟游戏，他们的权利也会受到侵犯。根据游戏开发商的说法，有关非法侵入他人占地的法律只针对现实中的侵入，而不包括虚拟侵入。联邦法官将决定这个案子是否可以继续。

3.4.3 在物联网时代控制物品

当涉及诸如汽车、房屋和土地等实物时，我们对所有权的含义有相当直接的理解。在一定条件下，所有权赋予个人享有、占有、拥有、出租、使用、赠送甚至毁坏其财产的专属权利。数字技术可能改变所有权的本质和概念。例如，如果买了一本实体书，你就拥有了它，并且拥有随时随地阅读它的权力。但购买一本电子书时你只是支付了阅读该书的许可费，这意味着电子书供应商可以在没有告知的情况下从你的设备上删除该电子书。在2009年，这种情况确实发生了，当时亚马逊（Amazon）远程从其旗下电子书阅读器Kindle上删除了奥威尔（Orwell）的《1984》，且并没有向感到意外的读者给出任何解释。帕札洛斯基等（Perzanowski et al.，2016）认为，消费者应被更好地告知许可协议中所涉及的交易，如隐私、永久性和用户限制，并认为将私人财产和所有权的各个方面引入数字市场将肯定我们的自我导向和自主权。

连接到物联网的现实物品，如机器人、汽车甚至打印机，也会引起关于所有权的问题。当这些设备及其软件与网络紧密相连并连接到网络时，使得制造商能够有效地控制（例如）机器人或设备，即使在其被购买之后也是如此。这是有可能的，因为制造商可以通过互联网获得远程访问，或在设计设备内运行软件时将远程访问嵌入其中。因此，拥有机器人或电子设备的个人在和平享受这一财产方面受到阻碍。例如，美国一家拖拉机制造商——根据其与拖拉机软件有关的知识产权——辩称即使在农民购买了拖拉机之后，仍继续拥有该拖拉机软件（Coyle，2016）。一些拖拉机车主甚至购买修改过的软件，以规避制造商在未经许可的情况下放置在拖拉机软件中的维修锁（Koebler，2017）。另一个例子是惠利特－普克德公司（简称惠普，Hewlett Packard）为其打印机发布的软件更新，其结果是，惠普打印机不能够再使用第三方墨盒。在其他情况下，制造商可根据制造商合同条款禁止所有者访问设备（Brodkin，2013）。

在某些情况下，正如为国际商业机器公司（International Business Machines Corporation，IBM）工作的研究人员所发现的那样，联网的物品可以被以前的所有者及制造商控制。他当时卖掉了他的汽车，但发现仍然能够使用汽车的移动应用程序来控制它。

这些例子表明，在当今世界，人们并不是可以只跟如机器人和电子设备之类的物品进行互动，即使他/她已经买下了这些物品。其中一些问题可能可以通过作为消费者法、竞争法或知识产权法一部分的现有法律文书加以解决。然而，另一种观点可能是基于财产权的，认为物品一旦被购买，制造商或其他当事方不得干涉这一财产，除非财产所有人提供了许可（如软件更新）。

3.4.4 （个人）数据的所有权

作为机器人物联网的一部分的“各种物品”记录着各种数据。例如，机器人化的汽车收集和分析数据以帮助驾驶者——或者在自动驾驶汽车的情况下——安全地自主驾驶汽车。这些数据与车辆的性能及其与其他物体的相对位置等因素有关。谁拥有从设备中“提取”的数据，或那些因为用户使用设备而被记录的数据？在我们研究这个问题的可能答案之前，我们将更详细地描述数据在机器人物联网中的作用。

数据的收集、分析和使用是以周期性的方式进行的。这被称为数字化或控制论循环（digital or cybernetic loop）。所收集的数据——如关于交通拥堵和如何避免拥堵的信息——被分析并随后使用：驾驶者在他/她的汽车中收到相关信息，从而在不陷入交通拥堵的情况下有效地继续行驶，对于自动驾驶汽车而言，其也会收到如何有效和自动改道的信息。数据收集、分析和使用的步骤被描述为（大）数据价值链。为了精炼数据，需要重复大数据价值链的步骤。作为数字环路的一部分所收集的信息可以与其他通过网络相互连接的汽车共享。这样，整个车队就可以“学会”交通拥堵的信息及如何避免交通拥堵（车队学习）。实时准确的信息还使参与大数据价值链的其他各方，如道路维修人员，能够在发生交通拥堵等情况下迅速且准确地采取适当措施（Moerel et al.，2016）。

机器人化汽车产生的数据是有价值的。这些数据使开发自动驾驶汽车成为可能，并使人们能够深入了解汽车乘客的活动和行为。由于其价值，各方要求将车辆的数据（全部或部分）划为己有。例如，汽车制造商和广告公司提出“所有权”认领（Sharman，2015）。然而，数据所有权的概念很难定义，也很难在实践中应用。这是因为不同利害关系方在数据交易中不同权利的复杂分配（Cattaneo et al.，2016）。个人（personal）数据和非个人（non-personal）数据均属如此。鉴于公众利益及他人的权利和自由等关切，对个人数据的绝对控制很难得到保证（EDPS，2015）。在这方面，欧洲数据保护监督员指出，根据欧盟法律，“不能将所有权以类似方式适用于个人信息，因为个人信息与个人性格有内在联系”（EDPS，2015）。并不是每个人都同意这个观点。当将个人数据视为一种竞争资源时，数据所有权可能是一个有用的概念。不过，这里的问题是，个人数据应该是“谁的财产”（whose property）（Purtova，2013）。这一概念的目的是加强自然人在数字生态系统中的地位。根据法学学者波托瓦（Purtova）的说法，财产权必须以个人数据的形式分配给数据主体，包括“不披露”和“不使用个人数据”等默认设置。如果不这样做，那就等于将信息产业“夺取”的财产权合法化。波托瓦（Purtova）称，这将使“个人在面临被公司侵蚀自主性、隐私和信息自决权时毫无防备”（Purtova，2013）。

法学学者们选择了这样一种观点，即个人数据的财产化认可了当前个人数据的商品化：消费者应该就其个人信息被“交易”得到正当补偿。例如，可以在个人使用机器人化的汽车时收集数据，然后由汽车制造商将其出售给（例如）广告公司。有人认为，数据所有权模式可以通过确保因其驾驶而生成数据的个人得到补偿来促进这种“交易”（EDPS，2015）。问题仍然是，这一概念是否有益于个人的基本权利，如人的尊严。例如，如果配备有人工智能的机器人或软件机器人要求个人提供“他/她”的数据，以提供某种服务或答案作为回报，那么个人就会面临某种风险。在这方面，克莉丝托等（Christl et al.，2016）指出：“数据交换政策中包含的数据所有权（或合法财产权）承担了自我被广泛商品化的风险。”这可能会导致一种情况，即低收入或超低收入人群必须用提供数据以交换服务，而收入较高的人则可以通过支付服务费用避免提供（个人）数据。事实上，欧洲数据保护监督员反对这一主张，认为人们不应该将个人数据作为同金钱一样的支付方式。根据欧洲数据保护监督员的说法，基本权利不能沦为消费者利益，个人数据也不能仅仅被视为商品（EDPS，2017）。这些都是旨在为个人提供补偿的数据所有权概念的潜在负面影响。

关于非个人数据，“数据所有权”涉及知识产权（如版权或数据库保护权）、商业秘密、反托拉斯法案、合同权利、公共部门信息法或其他法案所涵盖的各种类型的法律权利。因此，如果个人出于特定目的想要确定他/她访问和使用数据的权利，那么关于数据所有权的问题并不总是适当的。在交换数据时，确定产生或收集的数据类型（type of data）等是确定适当的法律数据所有权制度的关键（Cattaneo et al.，2016）。

企业认为不需要监管与非个人数据有关的所有权问题，他们提到契约自由原则，并担心监管可能会扼杀创新并阻碍市场发展。在没有欧洲人权法院就这一问题开过先例的情况下，尚不清楚数据是否有资格成为财产，尽管法学学者并没有排除这一可能性（Tjong Tjin Tai，2016）。然而，问题仍然存在：谁应该有权被赋予这种所有权，是消费者、机器人的制造商还是其他人。很明显，将数据所有权分配给一方或另一方的问题可能并不是在实现福利最大化，而且这一问题也不容易得到解答（Duch-Brown et al.，2017）。

3.4.5 建议

本节简要介绍了使用新兴技术对和平享受财产构成的挑战。虚拟物品可能会对所有者的财产造成干涉；在不受所有者控制的情况下，已购买的设备可能会被禁用；数据价值链给我们提出了关于“数据所有权”如何与协商访问、控制及使用和重用数据的能力相联系的疑问。这使得“数据所有权”——要么属于《欧洲人权公约》第一议定书第1条意义上的财产，要么属于（个人）数据的“财产化”——这一概念值得欧洲理事会深思。欧洲理事会可以就这些问题积极主动地提供指导，确定个人享受其（无形）有形财产的边界，并界定其他人如何尊重这些边界。

3.5 安全、责任和法律责任

侵权权利属于人权（van Dam，2013）。例如，《欧洲人权公约》责成缔约国提供有效救济，通常由国家侵权法救济予以执行（van Dam，2013）。这使得机器人的安全成为人权问题。在这一节中，我们详细阐述了这一问题，并将重点放在汽车自动化上。

汽车工业使汽车越来越智能，这是汽车自动化的长期趋势（Royakkers et al.，2016）。从2000年起，汽车逐渐获得了自动能力，如巡航定速和停车辅助系统。欧洲议会的科学和技术备选方案评估（Science and Technology Options Assessment，STOA）认为，安全问题应该成为我们的主要关切之一，如找到机器人与人类和平共处的方法（STOA，2016）。半自动车辆需要一名驾驶者留意道路情况，且在汽车对场景做出错误评估时随时准备进行干预。由于目前的技术还需要人的参与，有人认为特斯拉（Tesla）使用的“自动驾驶仪”一词是误导性的。许多人认为，将来，自动驾驶汽车将成为一种日常现象，使乘客能不用留意道路状况，手从方向盘上移开。实现全自动驾驶的途径包括车辆和交通基础设施的不断自动化和互联互通（Royakkers et al.，2016）。

欧洲议会法律事务委员会认为，机器人造成损害的民事责任是一个“至关重要的问题，需要加以分析和处理，以确保整个欧盟内部在实施法律确定性方面具有同样程度的效率、透明度和连贯性，从而符合公民、消费者和企业的利益”（JURI Committee，2017）。不过，在现在这个阶段，很明显，在发生车祸时，可以确定哪些潜在的行为者可能要承担责任：汽车制造商、为汽车人工智能编程的软件创建者、卖方、买方和公路管理局。解决责任和法律责任的问题将取决于汽车的自动化程度。“道路机动车辆”的自动化程度已由国际自动机工程师学会（SAE International）进行分类。该协会的分类方案被美国交通部（U. S. Department of Transportation）作为其联邦自动车辆政策（Federal Automated Vehicles Policy）的一部分所使用，定义了6种程度的自动化水平，级别范围从无自动化（等级0）到完全自动化（等级5）。在两者之间，分别是有驾驶者协助（等级1）、高级驾驶者协助/部分自动化（等级2）、有条件的自动化（等级3）和高度自动化驾驶（等级4）。

3.5.1 自动化等级0～2：从传统驾驶到部分自动化

对于传统驾驶（等级0）而言，尽管车上配有警告或干预系统及自动传输，但驾驶者的眼睛仍然盯着道路，双手都在方向盘上。关于0级车辆，应如何分摊法律责任的规则已得到广泛确立。原则上，因产品（汽车）缺陷而造成的损害，汽车制造商应负有法律责任。产品缺陷可能包括如刹车不灵或是软件故障导致的车辆功能故障。认定缺陷的标准取决于在既定情况下希望汽车实现哪些目的。此外，如果道路不符合安全驾驶所需的要求，公路管理局可能要承担法律责任。驾驶者可能要对车辆造成的损害负法律责任，除非他/她能成功证明不可抗力（force majeure）的发生。虽然欧洲大陆上各国的法律解释可能各不相同，但如果汽车突然出现故障——即使此时是停车辅助系统或巡航定速出现故障（分别为等级2和等级3）——车主通常不能援引不可抗力（Royakkers et al.，2016）。

关于传统驾驶（等级0）、有驾驶者协助（等级1）和某些形式的高级驾驶者协助，如停车辅助系统（等级2），英国政府于2016年7月总结道“不需要对现有技术进行立法、监管或指导方面的改动”（Department for Transport，2016）。总而言之，当驾驶者在任何时候都完全控制车辆时，除了某些例外情况和各个国家不同的解释之外，应如何分摊法律责任是相当清楚的。

3.5.2 自动化等级3～4：从有条件的自动化到高度自动化驾驶

自动化等级3和等级4适用于驾驶者可以（暂时）把手从方向盘上移开（等级3），以及眼睛不看道路（等级4）的车辆。等级3被称为有条件的自动化，即“由动态驾驶任务的各方面自动驾驶系统所提供的特定模式的驾驶表现”。对于自动化等级3，据预计人类驾驶者能对干预请求做出适当的响应。遥控停车、高速公路辅助设备和中程汽车编队都是这方面的例证。中程汽车编队是合作驾驶的一个例子，汽车或卡车通过合作系统的电子通信相互连接（Royakkers et al.，2016）。当这些处于编队状态中的汽车相互靠近，交流关于车辆速度、位置和加速度的信息时，汽车进入自动驾驶状态，此时驾驶者的手可以从方向盘上拿下来。高度自动化的等级 4 系统执行动态驾驶任务的所有方面，包括人类驾驶者没有对干预请求做出适当反应的情况。先进的车辆编队和全程高速公路驾驶员就是这种自动化水平的例子。这些技术在未来都可实现（Department for Transport，2016）。

大多数关于自动驾驶所引起的法律责任问题的讨论都是关于自动驾驶的等级 3 和等级 4，在这两级中，驾驶者可以启动或关闭自动模式，并且仍然能够（至少部分地）操作车辆。当谈论到法律责任和具有自动驾驶功能的特斯拉（Tesla）汽车，其认为主要责任在于驾驶者。特斯拉表示，正如在飞机上一样，“自动驾驶仪”一词表示人们预期到飞机上有人类飞行员的参与。在特斯拉看来，“驾驶员有责任确保自动驾驶仪做的是正确的事情”。这一立场被受到质疑。例如，如果汽车是由算法控制的，驾驶员为什么要承担责任？特斯拉声称，驾驶员在接受其合同条款时接受了“自动驾驶仪”这一状况，即汽车仍处于“测试”阶段。然而，这一概念可能会使非合同当事人对自己的权益一无所知，因为合同条款只会约束合同当事人，即汽车车主，而不是其他人。这些人在不知情的情况下参与到人工智能和汽车机器人实验中，这是否是可以被接纳的？协助汽车驾驶的外部传感器可以被接纳吗？是否应该像空中交通控制员一样，安排人员盯着这些给联网的、互相配合的自动驾驶系统提供协助的传感器？如果是的话，他/她的责任是什么？是否可以说，在公共道路上行驶的车辆正处于测试阶段？据报道，德国当局不会批准处于测试阶段的特斯拉自动驾驶仪。在这方面，沃尔沃（Volvo）曾表示，只要其名下车辆处于自动驾驶模式，其就会承担全部责任，这使其成为世界上最早做出这一承诺的汽车制造商之一——但这一承诺一文不值。在沃尔沃的调查中，79% 的受访者表示，他们希望制造商承担全部法律责任。

处理等级 3 和等级 4 的车辆的法律责任问题是最困难的。驾驶者对其他机动车道路使用者造成损害的法律责任一般是根据侵权行为来评估的，如果损害是驾驶者的过错，则可将其归责给驾驶者（Royakkers et al.，2016）。如果驾驶者辅助系统不能正常工作，其会使事情变得复杂。当遇到某些危险时，不能仅仅责怪驾驶者，因为可能会发生驾驶者无法进行合理考虑的不可预见的突发情况。此外，如果驾驶者辅助系统实际上帮助驾驶者更好地应对道路危险，这可能会影响他们所需担负的法律责任，因为如果系统警告驾驶者注意道路湿滑等问题，驾驶者就不能声称自己处于不可预见的情况。当驾驶者未能激活（例如）本可避免损害的汽车防撞系统等功能时，也很难评估法律责任问题。

就合作系统和自动驾驶汽车而言，汽车的破坏行为可以追溯外部原因。例如，由于路边系统故障，合作系统可能没有及时发出危险警告（Royakkers et al.，2016）。一般情况下，受害方应该能够证明这一故障，但这是一项复杂的任务。就驾驶者辅助系统（等级 2 和等级 3）而言，可以通过检查（例如）有缺陷的软件系统来证明针对损害的法律责任。然而，对于合作系统和自动驾驶汽车来说，这些系统的故障可能是几个原因导致的，提供作为（例如）法律诉讼一部分的推断证据可能会在实际操作中遇到困难。黑匣子或电子呼叫系统可以解决这些问题，记录汽车的行为。德国联邦内阁（German Federal Cabine）通过了一项法律草案，要求半自动驾驶汽车的制造商给汽车配上黑匣子，这有助于在事故发生时确定责任。显然，诸如黑匣子之类的跟踪和记录系统对隐私和数据保护权利构成了挑战。

3.5.3 自动化等级5：完全自动化

尽管自动化等级5目前正处于实验阶段，但这种完全自动化将对法律责任划分产生明显影响。由于无人盯着道路或手握方向盘，这种自动驾驶汽车将避免事故的责任转移到了制造商身上（Royakkers et al.，2016）。这种情况下，自动驾驶汽车可以与公共汽车相比较，因为乘客无法控制所乘坐的公共汽车。公共交通工具提供商，如公共汽车公司，必须维持尽可能高的谨慎标准，并保障乘客的生命。这意味着，即使是轻微的疏忽也要由制造商负责，自动驾驶汽车乘客的生命掌握在制造商手中（Royakkers et al.，2016）。

公路管理局的责任可能需要阐明，因为自动驾驶汽车很可能（部分）依赖于数字路边系统。问题是这些系统是否是公路管理局负责的"道路设备"（Royakkers et al.，2016）。将路边系统及其依赖的计算机系统界定为道路设备可能是解决这一问题的办法。这一界定可以遵循（例如）《阿姆斯特丹宣言》（*Declaration of Amsterdam*），在这一宣言中，欧盟交通部部长宣布，欧盟委员会将继续与工业界和欧盟成员国密切合作，为联网车辆在2019年开始使用欧洲高速公路创造所需的条件。

当机器人涉及造成损害或伤害时，如何分摊法律责任是一个选择问题——需要将与风险和保险等有关的所有情况考虑在内。主要原则是应追究汽车制造商的责任——这是德国交通部部长的观点。美国交通部指出，确定自动驾驶车辆的"驾驶者"是何人/何物并不一定能确定该车辆所造成的事故的法律责任。同时，美国交通部指出，美国各州可能决定，在某些情况下，乘有人类驾驶者的自动驾驶车辆的事故责任应分配给车辆制造商。

目前的法律法规可能并不适用于行动自动化的机器人，特别是——正如我们已经知道的等级3和等级4的汽车自动化。随着机器人化汽车变得更加自主和先进，在汽车制造商和乘客之间划分法律责任可能会变得困难。因此，有必要阐明这一法律责任问题。

3.5.4 建议

有关民事责任和保险领域的讨论对欧洲理事会而言并不陌生。欧洲理事会于1959年着手准备《欧洲机动车民事责任强制保险公约》（*European Convention on Compulsory Insurance against Civil Liability in respect of Motor Vehicles*），该公约于1969年生效。欧洲理事会可为这一领域的进一步发展铺平道路，就如何划分事关机器人技术的法律责任提出指导原则。

可以考虑各种法律责任模型，如（机器人设计者、开发商、程序员、制造商、卖方和用户之间）责任"共担"模型，机器人开发商要对其机器人造成的伤害负责，或其他涉及上述责任方的模型。例如，欧洲议会法律事务委员会建议，应根据下达给机器人指令的实际水平及机器人自主程度划分法律责任（JURI Committee，2017）。

欧洲理事会提供的指导可能是兼顾各方的结果：平衡（特斯拉和其他公司的）行为自由与保护人权和他人利益（如汽车驾驶者、行人等）。在兼顾各方时，赔偿基金（如责任保险）的存在是需要考虑的因素之一。欧洲议会法律事务委员会认为，保险系统应责成自动化机器人的生产者购买保险，并辅以基金，以确保在没有保险政策承担风险的情况下，一定能获得赔偿（JURI Committee，2017）。

3.6 言论自由

《欧洲人权公约》第 10 条第 1 款规定，人人享有言论自由。这一权利包括不受政府干预、不分国界持有意见、接受和传播信息和思想的自由。第 10 条第 2 款规定了在何种情况下可以合法干涉言论自由的行使。在某些情况下，可适用《欧洲人权公约》第 9 条。该条保护思想、良心和宗教自由权。然而，利用第 9 条进行干涉往往会引起第 10 条范围内的问题（Murdoch，2012）。本节侧重于《欧洲人权公约》第 10 条。

3.6.1 人工智能促进或阻碍不受干涉地传播信息和思想的权利

自动决策可以促进或阻碍信息的自由流动。如果人工智能程序员为用户提供了收集和传播信息的工具，那么这将有利于加强言论自由权。例如，将来自报纸网站的简易供稿信息流（Really Simple Syndication feeds，RSS feeds）整合在一起的工具可以使信息以简单方式传播。然而，如果只由人工智能来决定要显示什么信息，其就会对《欧洲人权公约》第 10 条所保护的“不受干涉地接受和传播信息和思想的自由”提出挑战。例如，“信息茧”（information cocoon）、“回声室”（echo chamber）（Sunstein，2001）或“过滤泡”（filter bubble）（Pariser，2011）可能会被制造出来，这会阻碍我们自由形成自己观点的能力。当我们（自动）从一个看似无限的信息池中选择信息时，甚至可能会受到限制。例如，谷歌的个性化搜索结果——至少在一定程度上——取决于我们以前的搜索历史[78]。根据欧盟—欧洲理事会青年伙伴关系报告，信息限制的两种情况——个人决定或自动算法——可能会导致相关的“替代”信息丢失，而这些信息本应该包括在个人积极参与的决策过程中（Zentner，2015）。

那么，我们应该担心“过滤泡”吗？2016 年，研究人员得出结论，目前还没有经验证据证明有必要对“过滤泡”产生强烈担忧（Borgesius et al.，2016）。尽管如此，研究人员指出，有必要进行针对“过滤泡”的辩论，因为如果个性化技术进一步改进，个性化新闻成为人们的主要信息来源，民主问题可能会产生。目前，全世界约有 12% 的互联网用户使用社交媒体作为他们的主要新闻来源（Newman et al.，2016）。祖德温·博格修斯等（Zuiderveen Borgesius et al.，2016）认为需要更多的证据来证明个性化的过程和影响，这样我们才能将政策讨论的基础从恐惧转为洞察力。

3.6.2 当人工智能干涉言论自由权时

博兹达格（Bozdag，2013）声称谷歌和脸谱网已经成为当今社会的主要信息把关人。脸谱网声称其不是一家传统媒体公司，但承认对平台的使用方式负有责任。路透社新闻研究所（Reuters Institute for the Study of Journalism）发现，对于上述12%的使用社交媒体作为主要新闻来源的用户来说，“脸谱网是迄今为止发现、阅读/观看和分享新闻的最重要网站”（Newman et al.，2016）。

在线把关服务由人类设计，是人类编辑和软件代码的混合体。2016年5月，脸谱网收到指控称，其“趋势话题”部分故意表现出较保守的政治观点，这不同于自由话题的做法。脸谱网否认了这些指控，他们的内部调查指出没有证据表明“趋势话题”部分故事的选取和曝光度存在系统的政治偏见，但其也表明，不能完全排除无意的偏见的可能性。因此，该公司对这一“趋势话题”部分进行了改版，“以防止可能的滥用，最大限度地减少干涉人类判断的风险”。2016年9月，脸谱网从其网站上删除了一个载有越南“战火中的女孩”（Napalm Girl）的著名照片的帖子，因为其违反了网站关于裸体的政策。这张照片后来被恢复。人们假定该帖子被算法识别出并予以删除，随后是由人类编辑进行跟进的。这表明，算法把关协助不能消除所有人类偏见。正如博兹达格（Bozdag，2013）所解释的那样：“由于把关的计算机化形式，诸如第三方操纵或流行等技术偏差将会存在。”此外，个人判断等个人因素、公司政策等组织因素、政府或广告商要求等外部因素仍将存在，因为人类在提供这些服务时会发挥作用。

信息把关人可以有财务动机来避免（不情愿地）支持（例如）仇恨性的或冒犯性的内容。例如，谷歌的视频平台YouTube在带有攻击性的内容（如仇视同性恋和反犹太主义）旁边展示广告。因此，某些广告公司放弃了谷歌，因为谷歌未能将其广告远离充满仇恨的视频。谷歌方面回应，其将雇用更多人力，并将加快把广告从仇恨和冒犯性内容中移除的进程。最近，脸谱网股东提出了一份关于“在社交媒体论坛上传播的所谓虚假新闻对民主和言论自由的威胁，及其可能对公司自身造成的危险”的报告。股东们建议，公司应该对这一问题进行广泛讨论，“包括公司在多大程度上阻止虚假帖子，公司策略如何影响言论自由，以及公司如何评估帖子中的言论”。

法律也支持打击网上仇恨言论。德国起草了一项法律，旨在迫使像脸谱网这样的社交网站迅速删除诽谤或威胁性的网络帖子。如果社交网站不遵从法律，那么他们将面临高达5000万欧元的罚款。这是否是解决这一问题的有效办法还有待观察，因为考虑到缺乏对“仇恨言论”的严密或权威定义，个人受到保护的言论自由的边界并不总是明朗的（McGonagle，2013）。在诽谤性信息方面，情况也是如此：网络中介（如社交网站）并不总是清楚如何适当地对其所促进的某些用户生成的信息做出反应，这一点可以从欧洲人权法院涉及诽谤性的用户生成内容的各种案例中看出来。因此，存在着这样的风险，即像脸谱网这样的当事方可能会无理地删除帖子或评论——无论是否借助自动工具——以应对可能会干涉其他人的言论自由的诽谤或仇恨言论。因此，毫不奇怪，德国的一个消费者团体反对这项法律草案，声称这是错误的做法，并将使社交网站成为“内容警察”。

3.6.3 建议

根据欧洲人权法院的意见，不仅媒体有义务传播符合公众利益的信息和想法，而且公众也有权接受这些信息和想法。脸谱网可能是世界上最大的新闻渠道（全球有超过18.6亿名活跃用户），但还不清楚脸谱网是否应该被视为媒体公司和新闻编辑。要是如此的话，其应该承担起作为我们民主社会中“公众监督者”的相关角色和责任。欧洲理事会可以阐明谷歌和脸谱网等信息把关人作为新闻编辑的作用和作为公众监督者的可能职责。此外，欧洲理事会可以制定蓝图，说明像谷歌和脸谱网这样的主要信息把关人如何利用其算法能力来促进人权——特别是接收和传递信息和思想的权利。

3.7 不受歧视

《欧洲人权公约》第14条规定，《欧洲人权公约》规定的权利和自由的享有不应因性别、种族、肤色、语言、宗教、政治见解或其他方面见解、民族或社会出身、与少数民族的联系、财产、出生或其他状况等这些因素而受到任何歧视。《欧洲人权公约》第12号议定书旨在确保任何人不得因政府的任何理由而受到歧视。

3.7.1 人工智能克服或助长歧视

委任人工智能来做决策可提供克服歧视的机会。例如，人工智能工具的开发旨在消除雇佣过程中的偏见，例如，有种人工智能工具能自动提醒雇主职位介绍中可能存在带偏见性的语言。虚拟现实技术甚至还被用于促进教育的多样性及克服歧视。

正如我们在本报告中看到的那样，技术也可以用来干涉人权。在不受歧视方面也是如此。种族主义团体可利用人工智能宣传其信息（Council of Europe，2012）。除了故意利用人工智能歧视他人之外，也存在着非故意的算法歧视，如种族主义。例如，2015年，谷歌的照片应用程序将两个黑人的照片标记为“大猩猩”。这个标签是谷歌人工智能的结果，其基于机器学习提出关于分类和标签的建议。谷歌随后删除了标签，并道歉道：“很明显，在自动图像标记方面还有很多工作要做，我们正在研究如何防止此类错误再次发生。”谷歌称，如果更多人纠正错误标签，其算法将能更好地对照片进行分类。因此，该系统可以在经过“训练”后，不再显示几乎人人都认为是种族主义的标记建议。

机器学习依赖于从社会上收集到的数据。古德曼等（Goodman et al.，2016）解释说，社会包含不平等、排斥或其他歧视痕迹的程度，也会反映在数据中。此外，机器学习将复制“训练中的”数据集里的歧视模式。因此，“不假思索地依赖数据挖掘可能会使弱势群体无法充分参与社会”（Barocas et al.，2016）。古德曼等（Goodman et al.，2016）警告说："客观算法会产生带偏见的决定。"

自动化决策的一个特定例子是资料分析技术。例如，资料分析技术已经被用来评估网站用户有多富有，因此网站上的价格可以自动进行调整。古德曼等（Goodman et al.，2016）认为，使用算法资料分析来分配资源本质上是带有歧视的，因为"资料分析是在根据各种变量将数据主体按类别分组的情况下进行的，而且其决策也是基于数据主体落在特定群体范围做出的"。

3.7.2 目前的数据保护法案仅部分解决了这些问题

如果自动化决策干涉到用户权利，那其进行到哪种程度用户即可请求赔偿？《数据保护指令》（95/46/EC）（*General Data Protection Regulation*95/46/EC）第 15 条，即所谓的《卡夫卡条款》（*Kafka provision*），禁止某些具有深远影响的自动化决策，这些深远影响不仅包括"法律效果"，也包括"能对一个人产生重大影响"的决策。此外，1992 年，欧盟委员会表示，数据处理可能有助于决策，但这不代表问题的结束；人类的判断必须占有一席之地（Borgesius，2014）。为了保障数据主体的权利和自由，他/她有权作为控制方获得人为干涉（human intervention），表达他/她的观点，并对决策提出异议。然而，人们很难甚至不可能注意到他们在网上不能见到某些广告，或者不得不支付更高的价格，因为（例如）配有人工智能的软件机器人将他们识别为"有钱人"。这使得很难对自动化决策提出质疑。

此外，很难确定使用自动化工具进行社会分类是否属于非法歧视。新闻调查网站 ProPublica 的一项调查说明了这一点。Propublica 的结论是，在美国，某些保险公司在那些大多数居民具有少数民族背景的地区收取的保险费比在具有类似事故成本的非少数民族居民区要高得多（Angwin et al.，2017）。正如调查人员所指出的那样，过去几年来，汽车保险行业拒绝提供重要数据，阻碍了调查该行业中此类经济歧视（redlining）的行动进程。保险信息研究所（Insurance Information Institute）对 ProPublica 的调查结果提出异议，指出保险公司不收集揭示其潜在客户的种族或民族的数据，且保险公司不存在种族歧视。关于为什么一些保险公司会区别对待少数族裔团体的问题，调查人员不排除保险公司使用的专有算法可能无意中偏向白人社区而不是那些大多数居民具有少数族裔背景的社区（Angwin et al.，2017）。考虑到这些因素——缺乏关键数据及算法内部运作方式缺乏透明度——个人很难证明诸如歧视性做法的社会分类不合法。

《数据保护指令》（95/46/EC）第 15 条也无助于明显减少"过滤泡"和操纵风险，因为该条款认为这些活动可能不会对个人产生重大影响。根据欧盟法案，处理数据的控制方应在被要求时告知"被进行资料分析"的个人数据处理过程中所涉及的逻辑。然而，当人们没有被直接（间接）识别出时，数据保护法案通常不适用。《数据保护指令》（95/46/EC）的继任法案——《一般数据保护法案》——没有提供一种可行的"解释权"，不能帮助个人轻松理解算法或其他自动工具是否有歧视他们（Wachter et al.，2017）。

由于上述缺陷，各法学学者希望加强被进行资料分析的人的地位。希尔德布兰特

（Hildebrandt，2012）呼吁采用那些提高透明度的技术，这将实现有意义的资料分析透明度（profiling transparency）。

3.7.3 建议

为了克服算法歧视，除了目前的“解释权”之外，算法责任（algorithmic accountability）的概念也值得考虑。在实践中，这将意味着妥善处理数据集里的偏见，意识到数据挖掘中的歧视，在算法和资料分析方面保持有意义的透明度，对使用这种人工智能的环境进行限制，以及要求提供避免不同影响的产出（Pasquale，2016）。建议欧洲理事会阐明这些问题。首先，现有法规或新法规如何促进算法责任或公正？其次，如何使算法开发人员能够设计出尊重人权且不会（无意中）歧视某些人的自动化决策？

3.8 诉诸司法及获得公平审判的权利

《欧洲人权公约》第6条第2款对预测性人工智能而言意义重大。这一条款规定，在依法被证明有罪之前，所有被指控犯有刑事罪行的人都应被推定无罪。欧洲理事会已经讨论过预测性警务系统和其他预测性技术等专题（Korff et al.，2015），因此本报告没有再对这些专题进行讨论。

由于算法可能导致带有偏见的决策，本节重点讨论《欧洲人权公约》第6条第1款的公正性（impartiality）条件。《欧洲人权公约》第6条第1款第1项规定：“在确定他/她的公民权利和义务或对他/她的任何刑事指控时，人人有权在合理的时间内由依法设立的独立公正的法庭进行公正和公开的审理。”

3.8.1 人工智能

法院越来越多地使用使其判决过程自动化的工具。软件机器人承诺要比人类更快且更一致地做出法律裁决，并大幅缩短法院审理时间（Winkels，2011）。另一个承诺是人工智能可以帮助诉讼当事人评估他们的案件，估计他们的胜算。由于人们将更好地了解他们的法律机会，预计人们将减少上法庭的次数（Winkels，2011）。法官使用自动化工具也可能有助于确保公平审判。

范·登·霍根（van den Hoogen，2007）认为，在不复杂的案件中使用计算机做出的裁决，同时尊重《欧洲人权公约》第6条是可能的。然而，法官在使用自动化工具协助判决时应考虑到若干原则。这些原则旨在维护问责制，因为“法官对最后裁决负责，即使这一裁决是由辅助性（计算机）系统做出或协助做出”（van den Hoogen，2007）。其他原则的目的是透明度和可识别性：“如果法官偏离（计算机）系统的建议，则必须对这一点予以记录”（van den Hoogen，2007）。辅助系统的运作确实可能有利于实施《欧洲人权公约》第6条第1款规定的保障措施。特别是在不复杂的案件中，这些系统可以通过（例如）加快诉讼程序，协助审判进行。

此外，当人工智能带有偏见时，通信与信息技术系统可能会违反公正原则。在这种情况下，人权受到挑战。美国司法系统中越来越多地使用风险评估算法，这带来了问责制和透明度问题。据报道，用于设定保释、假释条件和量刑决定的软件对非裔美国人存在偏见（Angwin et al.，2016），尽管该软件的真正影响并不那么明确。关于导致刑事诉讼的警察使用的人工智能工具，希尔德布兰特（Hildebrandt，2016）指出，我们必须抵制如下概念：即使用人工智能工具的结果对潜在嫌疑人而言必然是正确的、完整的甚至相关的。希尔德布兰特（Hildebrandt）认为，在检察官、法官或律师无法查明警方的人工智能工具如何得出结论时，《欧洲人权公约》第6条提到的“平等手段原则”应重新调整。这样的人工智能工具应该记录他们做了什么，出于什么目的，以及他们是如何达到这一结果的。

3.8.2 建议

与3.6节和3.7节中关于自动化决策的评价类似，诉讼程序中应用的人工智能工具的透明度和（法官的）问责制至关重要。作为公平审判的一部分，应该知道的是，（例如）正在应用配有人工智能的软件机器人对法官进行协助，以及这一工具如何影响所做出的裁决。欧洲理事会可以建立一个最低标准框架，法院在使用人工智能时应对其予以考虑。这可以尽可能防止个别缔约国自行设计其框架的情况，因为根据《欧洲人权公约》第6条的规定，其风险是他们可能会提供不同程度的保护。

3.9 两种潜在的“新”权利

为了保持机器人时代的人性化，我们提出了两种潜在的“新”权利：①不被测量、分析或指导的权利；②进行有意义的人际接触的权利。这两种“新”权利间接与现有人权相关，目的是在机器人时代阐述现有人权，如经典的不受干涉的隐私权（对于前者而言）和尊重家庭生活的权利，也就是与他人建立和发展关系的权利（对于后者而言）。

3.9.1 不被测量、分析或指导的权利

国家组织人口普查并安装摄像头，因为他们依赖信息来起草、应用和评估政策。斯科特（Scott，1999）甚至指出，国家似乎有一种自然倾向，使其公民具有“可读性”，使社会具有“可搜索性”。除了政府之外，谷歌、苹果和脸谱网等公司也会收集人群信息，尽管他们大多是出于商业目的。在互联网和物联网的驱动下，公司开展资料分析（Christl et al.，2016）和国家政府开展资料分析（WRR，2016）已经变得越来越普遍。由于现在许多技术可以远程运行，我们大多数人甚至都意识不到国家和公司正在对我们进行大规模监视。总的来说，这一缓慢发展及其对人权和社会的影响很少受到关注，到目前为止几乎没有任何根本的政治和公开辩论。

因此，面对这种大规模监视文化，人类是毫无自卫能力的，因为如果不想接受测量、分析或指导（说服性策略的一部分），人类很少有机会能逃避这些监视活动。例如，乔治城大学的研究人员公布的证据显示，有一半的美国成年人，包括无辜者在内，作为“永久排队”的一部分处于警察脸部识别数据库中。另一个例子是，消费者担心商店老板会借助于所提供的无线局域网（Wi-Fi）对自身进行追踪记录，荷兰前经济部长和安全与司法国务秘书对此的回应是，如果人们不想被追踪，那他们就应该关掉自己的智能手机。基于这一回应，对人进行追踪记录似乎是一项比人们的隐私权利更重要的权利。直到最近，如果人们不想在网上被跟踪的话，那他们可以关掉他们的电脑。在我们“生命之上”的世界里，这个策略已经过时了。关于大规模监视的累积效应，辩论甚少。相反，在特定应用程序和事件的触发下，关于某一主题的“小辩论”已经在展开，每次辩论的结果都是一种最有利于国家安全或经济利益的平衡行为。然而，总体而言，辩论的结果都是个人隐私和匿名性在缓慢稳步的消除中。

一些学者强调了无处不在的监视、资料分析或评分（Citron et al.，2014）和说服的某些有害影响。斯川得等（Strand et al.，2015）指出：“隐私权和在不被看到、监视或注意的情况下开展日常活动的可能性，可能是健全人格发展的根本。”欧洲理事会特派调查员杜威·科尔夫（Douwe Korff）强调：“资料分析对法治的最基本原则及民主社会中掌权者与人民之间的关系构成根本威胁。”（Korff，2013；Georges et al.，2015）柏林电信集团（2013）认为，大规模监控和资料分析活动对所有公民的隐私构成前所未有的风险。最坏的情况是，世界可能会变成一个“全球性的全景监狱”（Berlin Telecom Group，2013）。该集团指出，各国政府对这些令人震惊的事态发展基本上视而不见，任由它们进行自我管理。这不仅关系到滥用的风险，而且关系到匿名权和/或“不受干涉的权利”（Warren et al.，1890）。在机器人时代，这一权利可以被称为不受电子测量、分析或指导的权利。

到目前为止，国际法对网上匿名权（online anonymity）的承认有限（第19条）。随着物联网和机器人物联网的迅速发展，我们建议欧洲理事会承认网上匿名权是一项独立权利，或者是一项与现有隐私权相关的明确权利。人们应有权决定是否参与其他行为者进行的实验（通常与监视关系密切）或其他涉及记录或观察人们生活并试图以技术手段影响其行为的活动。

欧洲理事会可以阐明，在机器人时代，尊重隐私的权利在多大程度上意味着享有不被测量、分析或指导的权利。

3.9.2 进行有意义的人际接触的权利

有时，机器人可以完全接管一组人工任务——想想所谓的无灯工厂，这种工厂是完全自动化的，不需要人类在场或现场决策。在这种情况下，我们接受人类“不在决策圈内”。然而，在许多其他情况下，我们希望使人类处于“决策圈之上或之内”。作为对自动军用无人机发展的回应，数百名科学家和专家提议停止使用“有意义的人类控制”以外的自动进攻性武器。“有意义的人类控制”这一概念也与自动系统或人工智能系统可能做出重大决定的其他领域有关（AI Now Report，2016）。在包含人工智能和法官的情况下，“有意义的人类控制”也是一个重要主题。在人类接触和人类互动发挥核心作用的情况下，如抚养儿童和照顾老年人，“进行有意义的人际接触的权利”也会发挥作用。

在个人层面上，进行有意义的人际接触的权利可以保护个人福祉，防止社交技巧和情感能力的退化。在人被监禁的情况下，人们认识到现代技术应该促进而不是取代人与人的接触。沙莱夫（Shalev，2008）在她关于单独监禁的书中指出，当一个人与其他人分开时，这种单独监禁使他/她不能多种形式地展开有意义的、有同情心的社会交往和身体接触。此外，关于老年人的健康护理问题，有人认为不与人接触会影响老年人的身心健康。一些研究人员认为，与护理机器人的接触并不能代替人际接触（Sharkey，2012）。科克尔贝格（Coeckelberg，2010）声称机器人只能用于日常护理工作，需要情感、亲密和人力参与的护理工作应该由人来完成。从社会的角度来看，有人认为关爱他人是人类和人类文化的重要特征和责任。正如图费克奇（Tufekci）所说：“我们不能把责任外包给机器。”

欧洲议会法律事务委员会认为，人际接触是人类护理的一个基本方面，用机器人取代人的参与可能会使护理工作失去人性化（JURI Committee，2017）。我们认为，这些非人性化的做法也可能发生在人类护理领域之外。因此，我们建议欧洲理事会阐明人们在何种情况下和在何种程度上有权进行有意义的人际接触。

欧洲理事会可以澄清，在机器人时代，尊重家庭生活的权利在多大程度上也应包含进行有意义的人际接触的权利。

4　保障机器人时代的人权

4.1　数字技术以多种方式影响人权

这份报告研究了“技术越来越成为生物学”这一趋势与人权之间的关系。我们研究的数字技术包括互联网、大数据、人工智能、机器人技术和增强现实技术，这些通常也被称为机器人物联网。我们研究了以下 6 种特定技术：自动驾驶汽车、护理机器人、电子教练、用于社会分类的人工智能、人工智能的司法应用、虚拟现实和增强现实。

我们发现，这些技术为人权的行使和侵犯提供了新的手段。数字化、虚拟化和自动化不仅以多种方式影响尊重私生活的权利，而且影响人的尊严，和平享有财产的权利，安全和侵权权利，言论自由权，不受歧视、诉诸司法和获得公平审判的权利。需要指出的是，使用本报告没有涉及的智能人工制品，可能会出现其他人权问题。

4.2 人权受到侵犯缺乏关注

尽管数字技术对人权产生了广泛的影响，但到目前为止，对这一重要议题的关注很少，而且几乎没有就这一问题进行任何根本性的政治和公开辩论。其结果是人权正在受到严重侵犯。因此，需要即刻加强对人权的辩论，因为其严重落后于迅速增长的技术发展。我们同意多纳霍（Donahoe，2016）的分析，并与他一样感到担忧，他说："人们对如何在数字环境下保护人权理解得远远不够。当我们艰难地试图适应新的数字现实时，国际人权框架的相关性和主导地位可能会在国际地缘政治舞台上失去重要地位。"

4.3 欧洲理事会议会大会应该敲响警钟了

有关机器人时代的人权，欧洲理事会议会大会应该就此敲响警钟。由于人类遗传学领域的许多发展，欧洲理事会议会大会在20世纪90年代初呼吁拟订一项关于生物伦理学的公约。这导致了1997年《奥维耶多公约》的产生，该公约制定了如下指导原则——如保护私生活，尊重自主权、知情权和知情同意权——以在人类在生物医学领域进行创新的时候维护人的尊严。《奥维耶多公约》第2条阐明，个人利益优先于科学或社会的唯一利益。受人类占首要地位的原则指导，一般利益只有在非常精确的情况下才具有优先权，而且要受到严格的条件限制。此外，（例如）在隐私权方面，一方面要实现个人间隐私权的平衡；另一方面要在"国家安全、公共安全或国家经济利益"之间实现平衡。然而，目前的情况是，人权和个人利益多数时候都败下阵来，特别是在政策制定领域，久而久之，人权就受到侵犯。这不一定是既成事实（fait accompli）。《奥维耶多公约》表明，在个人利益和一般利益之间取得平衡的"默认设置"有可能被设定为支持个人利益——事实上，个人利益的总和就是集体利益。

到目前为止，大部分的生物伦理学辩论和相关的人权条约都聚焦于"人类生物学正成为技术"这一大趋势上。换句话说，关注的焦点一直是在人体内起作用的侵入性生物医学技术，或者说"我们体内的技术"。这份报告特别关注了"技术正在成为生物学"这一趋势，并表明在这个机器人时代，人类和数字技术已经以多种方式紧密联系在一起。这是一个技术在我们体内和我们之间越来越多地存在的过程；技术越来越多地汇编关于我们的信息，并逐步能够像我们一样行动（van Est，2014）。正如我们所展示的那样，这些非侵入性的亲密数字技术可以产生许多生物伦理影响，并在多种方面影响人权。与欧洲理事会20世纪90年代在生物医学技术和人权领域的活动类似，我们提出了以下主要建议。

4.4 主要建议：在机器人时代需要"人权公约"

为了保障机器人时代的人权，我们建议欧洲理事会议会大会倡导制定一项机器人道德公约，甚至最好是一项旨在保护机器人时代的人权公约，该公约将制定共同的指导原则，以维护人类在物联网领域（包括互联网、机器人技术、人工智能、虚拟现实和增强现实）应用创新时仍享有尊严。

4.5 对初步议程的投入

在第3章中，我们建议欧洲理事会就各种主题提出意见。框文2概述了这一建议清单。这份清单也可作为拟订机器人道德公约的初步议程。

框文2 建议清单

（1）保护个人数据的权利（见3.2.1节）

我们建议欧洲理事会对现代普遍存在的大规模个人数据处理采取立场，加强各项公约所载的人权原则。

（2）尊重私生活的权利（见3.2.2节）

欧洲理事会可以就在互联网上进行的涉及人类的心理实验形成意见，并可以阐明在互联网上进行这些心理实验的公司是否应当遵循目前在进行心理实验时适用的道德准则。欧洲理事会可以就是否和如何开发尊重人类能动性的说服性软件形成意见。

（3）尊重家庭生活的权利（见3.2.3节）

欧洲理事会可以就如何设计通信与信息技术，使其符合尊重家庭生活的权利提出意见。

（4）人的尊严（见3.3节）

欧洲理事会可以提供关于工程技术和方法的准则，使人工智能和机器人技术能够充分尊重个人的尊严和权利，使老年人等弱势群体能够充分和有效地参与社会，过上有尊严的生活。

（5）所有权（见3.4节）

欧洲理事会可以就机器人时代的所有权问题提供指导，设定个人享有他/她有形（无形）财产的界限，以及其他人应如何尊重这些界限。

（6）安全、责任和法律责任（见3.5节）

欧洲理事会可以提供指导原则，指导在事关机器人技术时如何分配法律责任。

（7）言论自由（见3.6节）

欧洲理事会可以阐明信息把关人（如谷歌和脸谱网）作为新闻编辑的作用，以及他们作为公众监督者的可能职责。此外，欧洲理事会可以制定蓝图说明，谷歌和脸谱网等重要信息把关人如何利用其算法能力来促进人权，特别是在接收和传递信息和思想的权利方面。

（8）不受歧视（见3.7节）

欧洲理事会可以阐明如何促进算法问责制或算法公平，以及如何使算法开发人员能够设计出尊重人权且不会（无意中）歧视个人的自动化决策。

（9）诉诸司法及获得公平审判的权利（见 3.8 节）

欧洲理事会可建立一个最低准则框架，使法院在使用人工智能时应对其予以考虑。这可以尽可能防止个别缔约国自行设计其框架的情况，因为根据《欧洲人权公约》第 6 条的规定，其风险是他们可能会提供不同程度的保护。

（10）不被测量、分析或指导的权利（见 3.9.1 节）

欧洲理事会可以阐明，在机器人时代，尊重隐私的权利在多大程度上意味着不被测量、分析或指导的权利。

（11）进行有意义的人际接触的权利（见 3.9.2 节）

欧洲理事会可以阐明，在机器人时代，尊重家庭生活的权利在多大程度上也应包括进行有意义的人际接触的权利。

参考文献

［1］AI Now Report（2016）The Social and Economic Implications of Artificial Intelligence Technologies in the Near-Term，A summary of the AI Now public symposium，hosted by the White House and New York University's Information Law Institute，7 July 2016，version 1.0，22 September 2016，available at：https：//artificialintelligencenow. com.

［2］Angwin，J.，Larson，J.，Kirchner，L. & Mattu，S. （2017）Minority Neighborhoods Pay Higher Car Insurance Premiums Than White Areas With the Same Risk，ProPublica，5 April 2017，available at：https：//www. propublica. org/article/minority-neighborhoods-higher-car-insurance-premiums-white-areassame-risk.

［3］Angwin，J.，Larson，J.，Mattu，S. & Kirchner，L，（2016）Machine Bias，ProPublica，23 May 2016，available at：https：//www. propublica. org/article/machine-bias-risk-assessments-in-criminal-sentencing.

［4］Arthur，W. B. （2009）The nature of technology：What it is and how it evolves. London：Allen Lane.

［5］Article 19 （2015）Policy Brief-Right to Online Anonymity，June 2015，available at：https：//www. article19. org/data/files/medialibrary/38006/Anonymity_and_encryption_report_A5_finalweb. pdf.

［6］Barocas，S. & A，D. Selbst（2016）Big data's disparate impact. California Law Review Vol 104：pp. 671 – 732；doi：10. 15779/Z38BG31.

［7］Berloznik，R.，R. Casert，R. Deboelpaep，R. van Est，C. Enzing，M. van Lieshout & A. Versleijen（eds.） （2006）Technology Assessment on converging technologies. Brussels：European Parliament，

STOA.

[8] Biocca, F. (2003) Media and the laws of mind. Preface to: G. Riva, F. Davide & W. A. IJsselsteijn (eds.) Being there: Concepts, effects and measurements of user presence in synthetic environments. Amsterdam: IOS Press.

[9] Bosker, B. (2016) The binge breaker: Tristan Harris believes Silicon Valley is addicting us to our phones. He's determined to make it stop. The Atlantic, November Issue, available at: https://www.theatlantic.com/magazine/archive/2016/11/the-binge-breaker/501122/.

[10] Bozdag, E. (2013) Bias in algorithmic filtering and personalization. Ethics and Information Technology September 2013, Volume 15, Issue 3, pp 209 – 227; doi: 10.1007/s10676 – 013 – 9321 – 6.

[11] Brodkin, J. (2013) 'Google may remotely deactivate Glass if you sell it or lend to a friend', Ars Technica, 18 April 2013, https://arstechnica.com/information-technology/2013/04/google-may-remotely-deactivateglass-if-you-sell-it-or-lend-to-a-friend.

[12] Cattaneo, G., G. Micheletti, A. Woodward & D. Osimo (2016) European Data Market SMART 2013/0063 D 3.6 and D 3.7 Data Ownership and Access to Data-Key Emerging Issues Final Release, 29 January 2016.

[13] Christl, W. & Spiekermann, S. (2016) Networks of Control. A Report on Corporate Surveillance, Digital Tracking, Big Data & Privacy. Vienna: Facultas. 50

[14] Citron, D. K. & F. Pasquale (2014) The Scored Society: Due Process for Automated Predictions Washington Law Review, Vol. 89, 2014, p. 1 –; U of Maryland Legal Studies Research Paper No. 2014 – 8, available at: https://ssrn.com/abstract = 2376209.

[15] Coeckelbergh, M. (2010). Health care, capabilities, and AI assistive technologies. Ethical Theory and Moral Practice, 13 (2), 181 – 190; doi: 10.1007/s10677 – 009 – 9186 – 2.

[16] Cohen, J. E. (2016) The Surveillance-Innovation Complex: The Irony of the Participatory Turn. In: Barney, D., Coleman, G., Ross, C., Sterne, J., Tembeck, T. (eds.) The Participatory Condition in the Digital Age, University of Minnesota Press, 2016.

[17] Council of Europe (2012) Young People Combating Hate Speech On-line, prepared by the British Institute of Human Rights, Strasbourg, DDCP-YD/CHS (2012) 2 Strasbourg, 15 April 2012.

[18] Coyle, D. (2016) How the digital age cuts through notions of material ownership, Financial Times, 29 September 2016.

[19] Department for Transport (2016) Pathway to Driverless Cars: Proposals to support advanced driver assistance systems and automated vehicle technologies, July 2016, available at: https://www.gov.uk/government/consultations/advanced-driver-assistance-systems-and-automatedvehicle-technologies-supporting-their-use-in-the-uk.

[20] DG CONNECT (2016) Legal study on Ownership and Access to Data. A study prepared for the European Commission DG Communications Networks, Content & Technology by: Osborne Clarke LLP; doi: 10.2759/299944.

[21] Donahoe, E. (2016) So software has eaten the world: What does it mean for human rights, security

& governance? Part 1. Just Security, March 22, https: //www. hrw. org/news/2016/03/22/so-software-haseaten-world-what-does-it-mean-human-rights-security-governance.

[22] Duch-Brown, N. , B. Martens & F. Mueller-Langer (2017) The economics of ownership, access and trade in digital data. Digital Economy Working Paper 2017-01; JRC Technical Reports.

[23] Eskens, S. , J. Timmer, L. Kool & Rinie van Est (2016) Beyond control-Exploratory study on the discourse in Silicon Valley about consumer privacy in the Internet of Things. The Hague: Rathenau Instituut, available at: https: //www. rathenau. nl/en/publication/beyond-control.

[24] European Data Protection Supervisor (EDPS) (2015) Opinion 4/2015, Towards a new digital ethics-Data, dignity and technology, 11 September 2015.

[25] European Data Protection Supervisor (EDPS) (2016) Artificial Intelligence, Robotics, Privacy and Data Protection, Room Document for the 38th International Conference of Data Protection and Privacy Commissioners, October 2016.

[26] European Data Protection Supervisor (EDPS) (2017) Opinion 4/2017 on the Proposal for a Directive on certain aspects concerning contracts for the supply of digital content, 14 March 2017.

[27] European Parliament, Committee on Legal Affairs (JURI Committee) (2017) Report with recommendations to the Commission on Civil Law Rules on Robotics (2015/2103 (INL)), 27 January 2017.

[28] Eyal, N. with R. Hoover (2014) Hooked: How to build habit-forming products. Penguin Random House. 51 Floridi, L. (ed.) (2015) The onlife manifesto: Being human in a hyperconnected world. Springer; doi: 10. 1007/978 - 3 - 319 - 04093 - 6.

[29] Fuchs, M. (2015) Session 2-Technology, Intervention and Control of Individuals. In: Whittall, H. (editorial coordinator), L. Palazzani, M. Fuchs & A. GazsóGazo (2015) DH-BIO/INF (2015) 15, Emerging technologies and human rights, international symposium 4 - 5 may 2015.

[30] Garvie, C. , A. M. Bedoya & J. Frankle (2016) The Perpetual Line-up: Unregulated Police Face Recognition in America-Unregulated Police Face Recognition in America, Center on Privacy & Technology at Georgetown Law, 18 October 2016, available at: www. perpetuallineup. org.

[31] Goodman, B. & S. Flaxman (2016) European Union regulations on algorithmic decision-making and a "right to explanation", arXiv: 1606. 08813v3 [stat. ML], 31 August 2016.

[32] Grimmelmann, J. (2015) The Law and Ethics of Experiments on Social Media Users. 13 Colo. Tech. L. J. 219, 2015, U of Maryland Legal Studies Research Paper No. 2015 - 15, available at: https: //ssrn. com/abstract = 2604168.

[33] Hansen, S. T. , H. J. Anderseon & T. Bak (2010) Practical evaluation of robots for elderly in Denmark: An overview. Proceedings of the fifth ACM/IEEE international conference on human-robot interaction (pp. 149 - 150), Osaka, Japan, March 2 - 5. Piscataway, NJ. US: IEEE Press; doi: 10. 1109/HRI. 2010. 5453220.

[34] Harris, J. (2012) Modern medicine. The Farmer & Farmer Review: Essays about Humans & Technology, May 7, available at: http: //farmerandfarmer. org/medicine/.

[35] Hern, A. (2016) 'Partnership on AI' formed by Google, Facebook, Amazon, IBM and Mi-

crosoft. The Guardian. 28 September 2016. https://www.theguardian.com/technology/2016/sep/28/google-facebookamazon-ibm-microsoft-partnership-on-ai-tech-firms. Accessed 20 April 2017.

[36] Hildebrandt (2012) The Dawn of a Critical Transparency Right for the Profiling Era. In: Bus, J. (ed.), Digital Enlightenment Yearbook 2012, pp. 41 – 56, Amsterdam IOS Press 2012; doi: 10.3233/978 – 1 – 61499 – 057 – 4 – 41.

[37] Hildebrandt, M. (2016) Data-gestuurde intelligentie in het strafrecht. In: Moerel, E. M. L. & J. E. J. Prins, M. Hildebrandt, T. F. E Tjong Tjin Tai, G-J. Zwenne & A. H. J. Schmidt (2016) Homo Digitalis. Handelingen Nederlandse Juristen-Vereniging 146e jaargang/2016 – I. Wolters Kluwer.

[38] International Working Group on Data Protection in Telecommunications (Berlin Telecom Group) (2013) Working Paper on Web Tracking and Privacy-Respect for context, transparency and control remains essential 53rd meeting, 15 – 16 April 2013, Prague.

[39] International Working Group on Data Protection in Telecommunications (Berlin Telecom Group) (2014) Working Paper on Big Data and Privacy-Privacy principles under pressure in the age of Big Data analytics 55th Meeting, 5 – 6 May 2014, Skopje.

[40] Kaminski, M. E. & Witnov, S. (2015) The Conforming Effect: First Amendment Implications of Surveillance, Beyond Chilling Speech. University of Richmond Law Review, Vol. 49, 2015; Ohio State Public Law Working Paper No. 288, available at: https://ssrn.com/abstract=2550385.

[41] KNAW (Royal Netherlands Academy of Science) (2016) Ethical and legal aspects of informatics research, Amsterdam, KNAW. https://www.knaw.nl/nl/actueel/publicaties/ethical-and-legal-aspectsof-informatics-research. 52.

[42] Koebler, J. (2017) 'Why American Farmers Are Hacking Their Tractors With Ukrainian Firmware,' Motherboard, 21 March 2017, https://motherboard.vice.com/en_us/article/why-american-farmers-arehacking-their-tractors-with-ukrainian-firmware.

[43] Konrath, S. H., E. H. O'Brien & C. Hsing (2011) Changes in dispositional empathy in American college students over time: A meta-analysis. Personality and Social Psychology Review 15 (2): 180 – 198; doi: 10.1177/1088868310377395.

[44] Kool, L., J. Timmer & R. van Est (eds.) (2015) Sincere support: The rise of the e-coach. The Hague: Rathenau Instituut, available at: https://www.rathenau.nl/nl/publicatie/sincere-support-rise-e-coach.

[45] Koops, E. J., Di Carlo, A., Nocco, L., Cassamassima, V., & Stradella, E. (2013) Robotic technologies and fundamental rights: Robotics challenging the European constitutional framework. International Journal of Technoethics, 4 (2), 15 – 35; doi: 10.4018/jte.2013070102.

[46] Korff, D. & M. Georges (2015) Passenger Name Records, data mining & data protection: the need for strong safeguards. T-PD (2015) 11, Strasbourg, 15 June 2015.

[47] Korff, D. (2013) The use of the Internet & related services, private life & data protection: Trends & technologies, threats & implications. T-PD (2013) 07Rev, 31 March 2013.

[48] Kosinski, M., Stillwell, D. and Graepel, T. (2013) Private traits and attributes are predictable

from digital records of human behavior, Proceedings of the National Academy of Sciences of the United States of America (PNAS), vol. 110 no. 15, 5802 – 5805; doi: 10. 1073/pnas. 1218772110.

[49] Kramer, A. D. I, J. E. Guillory & J. T. Hancock (2014) Experimental evidence of massive-scale emotional contagion through social networks. Proceedings of the National Academy of Sciences 111 (24): 8788 – 8790; doi: 10. 1073/pnas. 1320040111.

[50] Kranzberg, M. (1986) Technology and History: 'Kranzberg's Laws', Technology and Culture 27, 3: 544 – 560.

[51] Leroux, C. & R. Labruto (2012) D3. 2. 1 Ethical Legal and Societal Issues in Robotics, The European Robotics Coordination Action, 31 December 2012.

[52] McGonagle, T. (2013) The Council of Europe against online hate speech: Conundrums and challenges. Expert paper, doc. no. MCM 2013 (005), the Council of Europe Conference of Ministers responsible for Media and Information Society, 'Freedom of Expression and Democracy in the Digital Age: Opportunities, Rights, Responsibilities', Belgrade, 7 – 8 November 2013, available at: http://www. ivir. nl/publicaties/download/Expert_paper_hate_speech. pdf.

[53] Moerel & J. E. J. Prins (2016) Privacy voor de homo digitalis. In: Moerel, E. M. L. & J. E. J. Prins, M. Hildebrandt, T. F. E Tjong Tjin Tai, G-J. Zwenne & A. H. J. Schmidt (2016) Homo Digitalis. Handelingen Nederlandse Juristen-Vereniging 146e jaargang/2016 – I. Wolters Kluwer.

[54] Mordini, E., I. Vater, K. Wadhwa, A. D 'Amico, J. Thestrup, G. Van Steendam, D. Wright & P. De Hert (2008) SENIOR Discussion Paper 'Ethics of e-inclusion of older people', 12 May 2008, available at: http://www. cssc. eu/public/Ethics% 20of% 20e-Inclusion% 20of% 20older% 20people% 20 – % 20Bled% 20% 20Paper. pdf.

[55] Murdoch, J. (2012) Protecting the right to freedom of thought, conscience and religion under the European Convention on Human Rights. Strasbourg: Council of Europe human rights handbooks. 53.

[56] Pariser, E. (2011) The filter bubble: What the Internet is hiding from you. London: Penguin Books.

[57] Pasquale, F. (2016) Bittersweet Mysteries of Machine Learning (A Provocation). LSE Media Policy Project, The London School of Economics and Political Science, Media Policy Project Blog, available at: https://blogs. lse. ac. uk/mediapolicyproject/2016/02/05/bittersweet-mysteries-of-machine-learning aprovocation.

[58] Pentland, A. (2014) Social physics: How networks can make us smarter. Penguin Books.

[59] Perzanowski, A. & W. Schultz (2016) The end of ownership: Personal property in the digital economy. Cambridge: The MIT Press.

[60] Purtova, N. (2013) Illusion of Personal Data as No One's Property, Law, Innovation, and Technology, Volume 7, Issue 1, 2015, available at: https://ssrn. com/abstract = 2346693.

[61] Roosendaal, A. P. C. (2012) "We Are All Connected to Facebook…by Facebook!". In: S. Gutwirth et al. (eds.), European Data Protection: In Good Health?, Heidelberg: Springer, pp. 3 – 19.

[62] Roosendaal, A. P. C., T. Van den Broek, A. F. E. Van Veenstra (2014) Vertrouwen in big datatoepassingen: accountability en eigenaarschap als waarborgen voor privacy. Privacy en informatie, 2014

(3). ISSN 1388 –0241.

[63] Rouvroy, A. (2016) "Of Data and Men" -Fundamental rights and freedoms in a world of big data, T-PDBUR (2015) 09REV, 11 January 2016, available at: http: //works. bepress. com/antoinette_rouvroy/64/.

[64] Royakkers, L. & R. van Est (2016) Just Ordinary Robots: Automation from Love to War. Boca Raton, FL: CRC Press.

[65] Schneier, B. (2013) The Public-Private Surveillance Partnership, Bloomberg View 31 July 2013, available at: https: //www. bloomberg. com/view/articles/2013 – 07 – 31/the-public-private-surveillancepartnership.

[66] Schüll, N. D. (2013) Addiction by Design: Machine Gambling in Las Vegas. Princeton: Princeton University Press.

[67] Schüll, N. D. (2016) Interviewed in Tegenlicht-documentary 'What makes you click?', September 25, Hilversum: VPRO, available at: https: //www. vpro. nl/programmas/tegenlicht/kijk/afleveringen/2016 –2017/what-makes-you-click. html.

[68] Schutz, B. (2016) Interviewed in Tegenlicht-documentary 'What makes you click?', September 25, Hilversum: VPRO, available at: https: //www. vpro. nl/programmas/tegenlicht/kijk/afleveringen/2016 – 2017/what-makes-you-click. html. Science and Technology Options Assessment (STOA) (2016) Ethical Aspects of Cyber-Physical Systems Scientific Foresight study, June 2016.

[69] Scott, J. C. (1999) Seeing Like a State, Yale University Press 1999.

[70] Sganga, C. (2014) Cracking the citadel walls: a functional approach to cosmopolitan property models within and beyond national property regimes, Cambridge Journal of International and Comparative Law (3) 1: 770 –794; doi: 10. 7574/cjicl. 03. 03. 230.

[71] Shalev, S. (2008) A Sourcebook on Solitary Confinement. London: Mannheim Centre for Criminology, 54 London School of Economics, available online at: http: //www. solitaryconfinement. org/sourcebook.

[72] Sharkey, A. & N. Sharkey (2012) Granny and the robots: Ethical issuesin robot care for elderly. Ethics and Information Technology 14 (1) 27 –40.

[73] Sharman, A. (2015) 'BMW sounds alarm over tech companies seeking connected car data', Financial Times, 14 January 2015.

[74] Song, W. -K. & J. Kim (2012) Novel assistive robot for self-feeding. In: Dutta, A. (eds.) Robotic Systems-Applications, Control and Programming, inTech; doi: 10. 5772/1398.

[75] Stahl, B. C., J. Timmermans & C. Flick (2016) Ethics of emerging information and communication technologies: On the implementation of responsible research and innovation. Science and Public Policy, pp. 1 –13; doi: 10. 1093/scipol/scw069.

[76] Strand, R. & M. Kaiser (2015) Report on Ethical Issues Raised by Emerging Sciences and Technologies, Centre for the Study of the Sciences and the Humanities, University of Bergen, Norway, 23 January 2015.

[77] Sunstein, C. (2001) Echo chambers: Bush v. Gore, impeachment, and beyond. Princeton & Oxford: Princeton University Press.

[78] Tjong Tjin Tai, T. F. E. (2016) Privaatrecht voor de homo digitalis: eigendom, gebruik en handhaving. In: Moerel, E. M. L. & J. E. J. Prins, M. Hildebrandt, T. F. E Tjong Tjin Tai, G-J. Zwenne & A. H. J. Schmidt (2016) Homo Digitalis. Handelingen Nederlandse Juristen-Vereniging 146e jaargang/2016 - I. Wolters Kluwer.

[79] Turkle, S. (2011) Alone together: Why we expect more from technology and less from each other. New York: Basic Books.

[80] Turkle, S. (2015) Reclaiming conversation: The power of talk in a digital age. New York: Basic Books.

[81] Van Alsenoy, B., V. Verdoodt, R. Heyman, E. Wauters, J. Ausloos & G. Acar (2015) From social media service to advertising network A critical analysis of Facebook's Revised Policies and Terms, KU Leuven Center for IT & IP Law-iMinds, Working Paper, version: 1.3, available at: https://www.law.kuleuven.be/citip/en/news/item/icri-cir-advises-belgian-privacy-commission-in-facebookinvestigation.

[82] Van Dam, C. (2013) European Tort Law, Oxford: Oxford University Press.

[83] Van de Poel, I. R. & L. M. M. Royakkers (2011) Ethics, technology, and engineering: An introduction. Oxford, UK: Wiley-Blackwell.

[84] Van den Hoogen, R. H. (2007) E-Justice, beginselen van behoorlijke elektronische rechtspraak, The Hague: SDu Uitgevers.

[85] Van der Sloot, B. (2014) Privacy as human flourishing: Could a shift towards virtue ethics strengthen privacy protection in the age of Big Data? JIPITEC 230, 5 (2014), available at: https://www.jipitec.eu/issues/jipitec-5-3-2014/4097.

[86] Van Est, R. & D. Stemerding (eds.) (2012) European governance challenges in bio-engineering-Making perfect life: Bio-engineering (in) the 21st century. Final report. Brussels: European Parliament, STOA, available at: https://www.rathenau.nl/nl/publicatie/making-perfect-life-final-report. 55.

[87] Van Est, R., D. Stemerdink, V. Rerimassie, M. Schuijff, J. Timmer & F. Brom (2014) From bio to NBIC-From medical practice to daily life. Report written for Council of Europe, Committee on Bioethics. The Hague: Rathenau Instituut, available at: https://www.rathenau.nl/nl/publicatie/bio-nbic-convergencemedical-practice-daily-life.

[88] Van Est, R., J. Timmer, L. Kool, N. Nijsingh, V. Rerimassie & D. Stemerding (2016) Rules for the digital human park: Two paradigmatic cases of breeding and taming human beings: Human germline editing and persuasive technology. Peer reviewed background paper for the 11th Global Summit of National Ethics / Bioethics Commissions, Berlin, March 16 - 18, organized by Deutscher Ethikrat, World Health Organization and United Nations Educational, Scientific and Cultural Organization (UNESCO), available at: https://www.rathenau.nl/nl/publicatie/regels-voor-het-digitale-mensen-

park.

[89] Van Est, R., with the assistance of V. Rerimassie, I. van Keulen & G. Dorren (translation K. Kaldenbach) (2014) Intimate technology: The battle for our body and behaviour. Den Haag: Rathenau Instituut, available at: https://www.rathenau.nl/en/publication/intimate-technology-battly-our-body-and-behaviour.

[90] Vermesan, O. & P. Friess (coordinators) (2015) Internet of Things-IoT Governance, Privacy and Security Issues. European Research Cluster on the Internet of Things (IERC).

[91] Wachter, S., B. Mittelstadt & L. Floridi (2016) Why a Right to Explanation of Automated Decision-Making Does Not Exist in the General Data Protection Regulation (December 28, 2016), available at: https://ssrn.com/abstract=2903469.

[92] Warren, S. D. & L. D. Brandeis (1890) The right to privacy. Harvard Law Review, Vol. 4 (5): 193-220.

[93] Weisberg, J. (2016) We are hopelessly hooked. The New York Review of Books, February 2016, pp. 6-9, available at: http://www.nybooks.com/articles/2016/02/25/we-arc-hopelessly-hooked/.

[94] Winkels, R. (2011) Lex ex Machina: Kunnen robots rechtspreken? In: F. Brom et al. (red.) Kenniskamer Intelligente Robots-Feiten, fabels, fictie. The Hague: Ministerie van Veiligheid & Justitie, Rathenau Instituut, available at: https://www.rathenau.nl/nl/publicatie/kenniskamer-intelligente-robots-feiten-fabelsen-ficties.

[95] WRR, Wetenschappelijke Raad voor het Regeringsbeleid (2016) Exploring the Boundaries of Big Data, Amsterdam: Amsterdam University Press, available at: https://www.wrr.nl/publicaties/verkenningen/2016/04/28/exploring-the-boundaries-of-big-data-32.

[96] WRR, Wetenschappelijke Raad voor het Regeringsbeleid (2016b) Big Data in een vrije en veilige samenleving, Amsterdam: Amsterdam University Press, available at: https://www.wrr.nl/publicaties/rapporten/2016/04/28/big-data-in-een-vrije-en-veilige-samenleving.

[97] Ylimaula, A., Roelofsma, P. H. M. P., Versteeg, L. (2010) Ambient Assisted Living-Deliverable 3.2 Ethical and legal requirements.

[98] Zentner, M. (2015) Education for participation in a digitalised world. In: Youth Partnership-Partnership between the European Commission and the Council of Europe in the field of youth. Report-Symposium on youth participation in a digitalised world, Budapest, 14-16 September 2015, available via: https://pjp-eu.coe.int/web/youth-partnership/digitalised-world.

[99] Zuboff, S. (2015) Big other: Surveillance capitalism and the prospects of an information civilization. Journal of Information Technology, 3 (1), pp. 75-89; doi: 10.1057/jit.2015.5.

[100] Zuiderveen Borgesius, F. & D. Trilling, J. Möller, B. Bodó, C. de Vreese & N. Helberger (2016). Should 56 we worry about filter bubbles? . Internet Policy Review, 5 (1); doi: 10.14763/2016.1.401.

[101] Zuiderveen Borgesius, F. (2014) Improving privacy protection in the area of behavioural targeting, Alphen aan den Rijn: Kluwer Law International.

《欧盟大型研究基础设施路线图》的经验及对中国大科学监测评估的启示*

周小林**，李　力[1,2]，杨　云***，翟翠霞[1]

（1. 科技部科技评估中心，北京 100081；

2. 中国科学院苏州生物医学工程技术研究所，苏州 215163）

摘　要　欧盟于2018年8月发布了《欧盟大型研究基础设施路线图2018》，更新了对新提案的遴选机制和对项目设施和地标设施的评估和监测方法。本文基于对欧盟2006—2018年5个版本路线图内容及特点的梳理，研究其演化历程和重点关注领域的变迁情况，并着重分析《欧盟大型基础研究设施路线图》的监测和评估机制，最终对中国制定大科学计划（工程）规划或路线图及其监测评估提出思考和建议。

关键词　大科学；研究基础设施；路线图；监测和评估

0　引言

大科学是20世纪60年代国际科技界提出的概念。大科学计划（工程）是解决全球关键科学问题的有力工具，代表着当前世界最先进的科技水平。欧盟将大科学设备称为大型研究基础设施，欧盟认为，大型研究基础设施在推动科技进步方面发挥着重要作用，能够为不同国家的用户提供服务，吸引年轻人投身科学，为国际合作提供平台，方便科研人员分享资源和成果。欧盟非常重视大型研究基础设施的建设、运行、管理和规划工作，成立了专门的机构负责路线图的制定，最新版路线图——《欧盟大型研究基础设施路线图2018》，已于2018年8月发布①。

近年来，中国同样高度重视大科学计划（工程）。党的十八届五中全会公报要求在重大创新领域组建一批国家实验室，积极提出并牵头组织国际大科学计划和大科学工程。

---

* 基金项目：科技部委托项目“主要发达国家/地区国际大科学计划（工程）规划研究”。

** 第一作者简介：周小林（1987—），女，湖北大冶人，博士，助理研究员；研究方向：科技评估与科技政策研究。

*** 通讯作者简介：杨云（1972—），女，研究员；研究方向：科技评估与科技政策研究。邮箱：yangyun@ncste.org。

① 参见 https：//www.esfri.eu/.

2018 年 3 月，国务院发布《积极牵头组织国际大科学计划和大科学工程方案》，明确指出到 2020 年要研究遴选并启动 1 ~ 2 个由中国牵头组织的大科学计划和大科学工程，提升中国在全球科技创新领域的核心竞争力和话语权。

针对《欧盟大型研究基础设施路线图》，国内外学者已经做了很多研究工作。参考欧洲研究基础设施战略论坛（ESFRI）对学科范围的划分，研究欧盟对科技基础设施的政策特点；研究了《欧盟大型研究基础设施路线图 2016》的组织管理模式；通过对欧盟科研基础设施开放共享立法的研究，提出对中国科研基础设施开放共享工具的政策建议；梳理了 2006—2010 版欧盟路线图对中国制定大科学计划（工程）路线图的启示。

本文将在最新发布的《欧盟大型研究基础设施路线图 2018》基础上，对欧盟各版本路线图进行对比研究，同时进一步分析 2018 版路线图在前评估、过程监测及绩效评价方面的做法和经验，以期为中国制定大科学计划（工程）规划的制定，以及大科学项目的监测评估提供参考和建议。

1 《欧盟大型研究基础设施路线图》的演变

1.1 路线图的概况

2002 年，欧盟理事会成立了欧洲研究基础设施战略论坛（ESFRI），ESFRI 是欧洲发展和管理科学研究基础设施、实施欧洲大科学计划（工程）的战略工具，同时也是《欧盟大型研究基础设施路线图》的制定机构。ESFRI 负责制定欧盟在研究基础设施领域的目标和战略，对欧洲最先进的研究基础设施进行管理，推动科学技术的扩展和应用。迄今为止，ESFRI 已制定和发布了 5 版《欧盟大型研究基础设施路线图》，分别是 2006 版、2008 版、2010 版、2016 版和 2018 版。

1.2 路线图的内容及变化历程

经过十几年的发展，ESFRI 已经形成了内容全面、重点有别的《欧洲大型研究基础设施路线图》。总体来说，各版本路线图均包含了 3 部分的内容。一是路线图制定的方法，包括制定流程、遴选原则等；二是对各领域发展现状的全景分析，以对路线图涉及的各领域发展情况有一个准确的判断；三是单个大型科研基础设施的介绍。

除了上述 3 个部分之外，每个版本路线图在制定时都会较上一版本有方法或体系上的改进。《欧盟大型研究基础设施路线图 2006》作为第一版路线图，介绍了 21 世纪欧洲面临的挑战及 ESFRI 路线图的起源和目的，同时考虑了全球维度。2008 版路线图在 2006 版的基础上做了更新，并增加了路线图的工作组成员和 ESFRI 国家代表等信息。2010 版路线图在前两版的基础上，介绍了 ESFRI 的战略，包括成功案例、2020 年愿景、ESFRI 行动计划及 ESFRI 的未来结构等。

2016 版路线图和之前的路线图相比，新增了更多内容，在方法上也有较大创新。例如，建立 10 年周期规则：新项目将在 ESFRI 路线图上最多有 10 年的孵化时间；并行且独立地评估项目的科学性和成熟度；引入国际专家和同行评审员参与评估过程；采用生命周期方法分析基础设施等。同时，2016 版路线图首次将研究基础设施划分为项目设施（ESFRI projects）和地标设施（ESFRI landmarks），并实行监督和定期审查。2018 版路线图是对 2016 版路线图的更新，并加强了对地标设施的投入，且将全景分析作为路线图的重要内容，同时，该路线图还阐述了入选 2008 版路线图的 ESFRI 项目在 10 年实施周期结束之后的结果，并更新了新提案的遴选方法。

1.3　路线图涉及的领域

各路线图（2006 版至 2018 版）领域变迁关系如图 1 所示。经过多年发展，ESFRI 已经建立起了一套成熟的领域划分方式，目前路线图包含 6 个领域：能源，环境，健康和食品，物理科学与工程，社会和文化创新，数据、计算和数字研究基础设施。

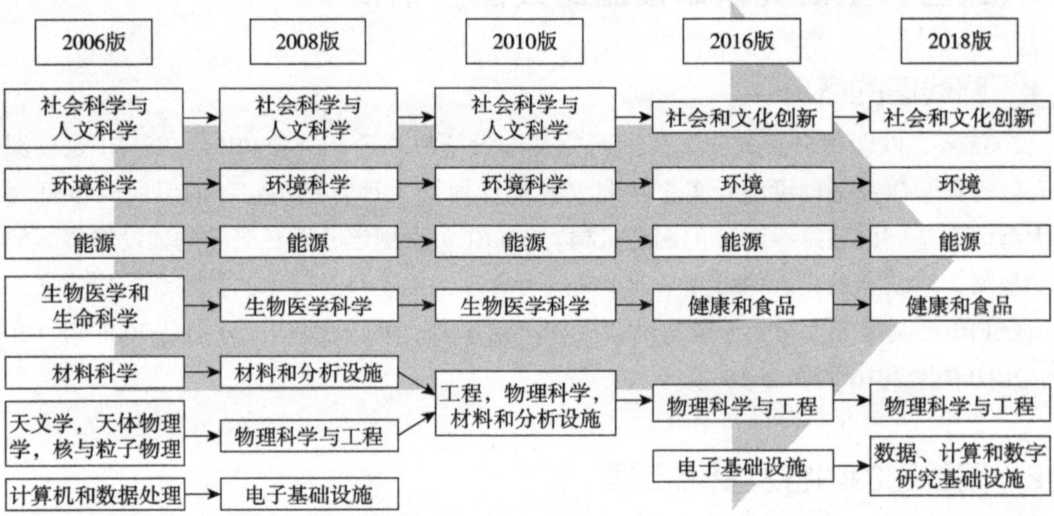

图 1　各路线图领域变迁关系

本文还将各版本路线图中所有的研究设施进行了领域划分（为了保持统一性，采用的领域划分标准为 2018 版路线图的领域布局标准）。按领域划分的大型基础设施数量分布如图 2 所示。总体上看，欧盟对健康和食品领域科研基础设施的支持逐年增多，2018 年已成为支持项目最多的领域；对物理科学与工程领域及环境领域的支持则是历年来的重点；电子基础设施领域支持的设施相对较少。

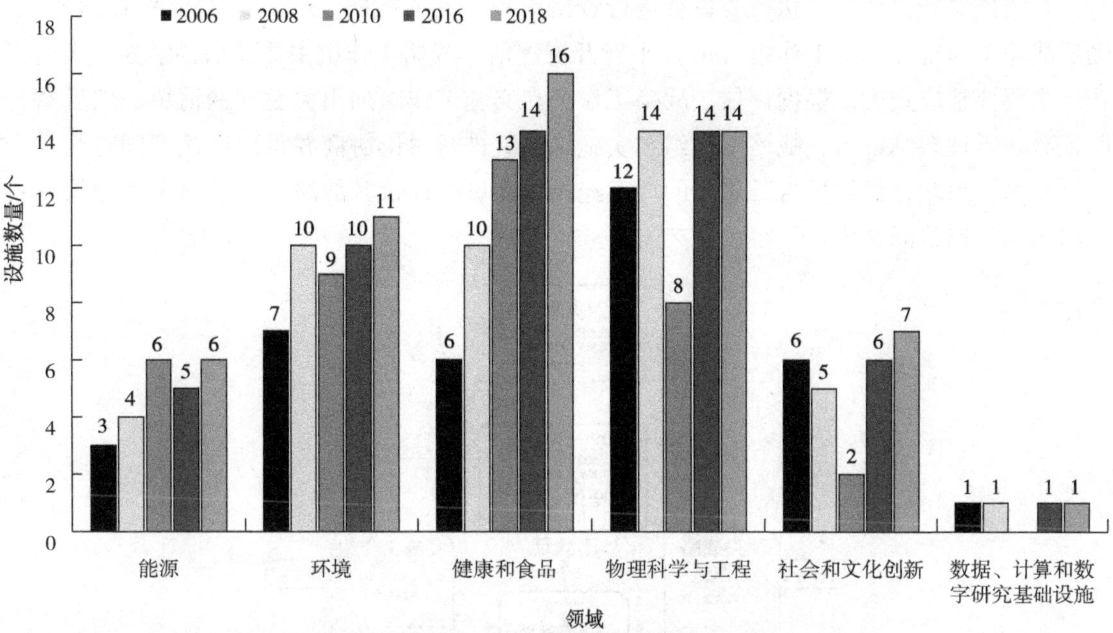

图2　按领域划分的大型基础设施数量分布

2 《欧盟大型研究基础设施路线图》的监测和评估

经过多年的发展，《欧盟大型研究基础设施路线图》已经形成了从设施遴选，到监测审查，再到绩效评价的全过程监测和评估体系，确保了大型研究基础设施从入选路线图到顺利实施的一体化监督管理。

2.1 前评估——遴选机制及原则

《欧盟大型研究基础设施路线图》的设施遴选有严谨的组织和程序。以2018版路线图为例，其流程如图3所示。成员国、联系国及欧洲政府间科研论坛（EIRO论坛）[①] 成员均有资格为《欧盟大型研究基础设施路线图2018》提交相关项目提案。自2016版路线图以来，为了遴选出数量有限的高成熟度项目，以便最大限度地确保其在10年周期结束后可以进入实施阶段，ESFRI引入了一系列重要的资格条件要求：牵头成员国或联系国需做出资助承诺，或者拥有EIRO论坛成员理事会达成的决议；至少两个额外成员国/联系国或EIRO论坛成员提出支持；正式加入相关联合体的核心合作伙伴需签署机构间的多边协议。

① 参见https://www.eiroforum.org.

在线提交新提案后，执行委员会进行资格审查，并向战略工作组（SWG）提出建议。随后战略工作组和实施工作组（IG）平行开展评估，战略工作组主要评估科学性，实施工作组主要评估成熟度。根据评估，战略工作组和实施工作组列出关键问题清单，然后举行听证会。听证会结束后，战略工作组和实施工作组进行讨论协商并得出结论，同时为每个项目起草一份联合评估报告。建议的提案经执行委员会评价其战略性，并报全体会议通过后将被纳入路线图之中。

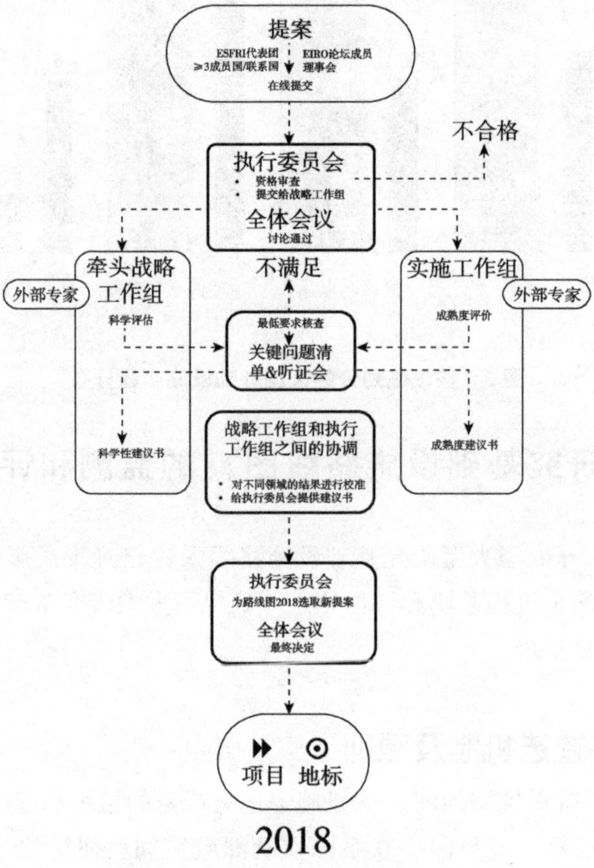

图 3　ESFRI 遴选新提案的方法

ESFRI 对纳入路线图的新设施的遴选原则有两项，分别为科学性和成熟度。一个项目只有在科学性和成熟度均获得较高评分的情况下方能入选 2018 版路线图。此外，执行委员会还评估了入选提案的战略价值，并考虑了其在填补空白和整体加强路线图方面所发挥的作用。

2.2　过程监测——监测审查制度

从 2016 年起，ESFRI 路线图将入选其中的设施分为 ESFRI 项目和 ESFRI 地标两类。ESFRI 项目表示处于筹备阶段的研究基础设施，具有卓越的科学价值，同时具有相当的成熟度，有希望在10年时间内进入实施阶段。ESFRI地标表示已经建成或者在路线图中已达到高级实施阶段的研究基础设施，其是欧洲研究区竞争力的重要象征。ESFRI对项目和地标的具体监测审查流程如图4所示，包括对ESFRI项目的监测和对ESFRI地标的审查。

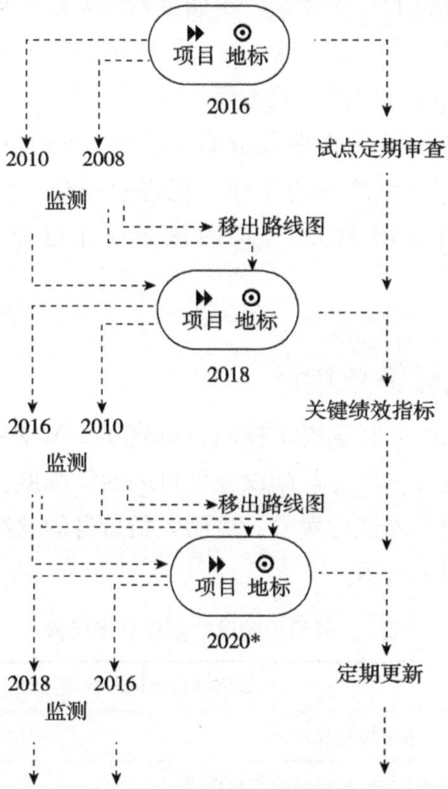

图4　ESFRI路线图监测审查机制

（*根据10年周期规则，ESFRI将对2010年入选的ESFRI项目进行监测和审查，以便在2020年进行下一次的路线图更新）

《欧盟大型研究基础设施路线图2016》当中引入了一个10年周期规则，即ESFRI项目在路线图上有10年的孵化时间。如果10年之后，ESFRI项目顺利进入实施运营阶段，并通过ESFRI的审查，则将会被赋予ESFRI地标身份；反之，不符合此项要求的项目将从路线图中删除（虽然这些项目可以决定重新提交申请，与所有新的项目提案展开竞争）。根据10年周期规则，2017—2018年，ESFRI监测了6个2010年入选的项目及9个2008年入选的项目，根据结果，2008年项目中的8个被授予ESFRI地标身份。同时，ESFRI开展了一项试点活动——ESFRI地标的试点定期审查，为将来定期更新ESFRI地标的状态提供支撑。经邀请，4个地标自愿加入了这项试点活动，分别为：生命科学信息分布式基础设施（ELIXIR）、第二代放射性离子在线发生系统（SPIRAL2）、欧洲社会调查（ESS ERIC）和综合碳观测系统（ICOS ERIC）。定期审查的目标是了解每个地标的科学地位，考虑其在自身生命周期内的具体位置，促进ESFRI充分部署其战略角色及为该地标提供相关支持。此外，ESFRI 地标的定期更新将促进 ESFRI 与其各个代表团之间的有效互动，从而填充“全景分析”当中所突出的、具有战略重要性的空白领域。

ESFRI 地标的定期更新有别于对新提案的评估，其独立于对 ESFRI 路线图的更新，同时充分考虑每个研究基础设施的具体背景。定期更新主要基于地标自身机构、资助方和利益相关方实施的外部和内部评估，旨在为 ESFRI、地标和其他利益相关方之间的对话提供依据，同时充分考虑各国路线图中的相关进程。

此外，由于监测和定期审查工作涉及战略工作组（SWG）、执行工作组（IG）和特设工作组，为有效协助各工作组之间的工作，促进数据交互与信息共享，ESFRI 运行了监测信息及数据库系统（ESFRI MOS），同时该系统还可为公众提供项目的一些基本信息。

2.3 绩效评价——关键绩效指标

ESFRI 在开展地标的试点定期审查工作时，确定了一套关键绩效指标（KPI）来更新各个地标的状态。为了涵盖每个研究基础设施各自的独特维度，各地标将采取一般绩效指标和特殊绩效指标相结合的方式进行考察，进而更新自身的状况及了解自身的特点。通用关键绩效指标参考元素如表 1 所示。

表 1　通用关键绩效指标参考元素

序号	关键绩效指标的参考元素
1	卓越的科学成果、人才培养和产出
2	在欧洲和国际层面相关学科领域的典范作用
3	在研究基础设施生命周期内各个节点的完成情况
4	影响力、对创新创业的贡献
5	研究基础设施用户群的建立和扩大
6	科研数据的管理政策，开放的科学计划和数据服务用于科学分析和创新发展
7	执行访问、数据和科研创新服务的质量控制

特殊绩效指标则根据每个地标的不同特性，开发有针对性的绩效指标。以综合碳观测系统（ICOS ERIC）为例，其特殊关键绩效指标包含 6 个方面：对 ICOS ERIC 会员资格和可持续性的影响、对促进温室气体测量技术进一步发展的影响、对企业及中小企业技术发展的影响、科学影响、对全球原位观测系统中温室气体的影响，以及社会影响。对每个方面，ICOS ERIC 均设置了关键绩效指标及子关键绩效指标，具体如表 2 所示。

表 2 ICOS ERIC 的特殊关键绩效指标

序号	关键问题	关键绩效指标	子关键绩效指标
1	对 ICOS ERIC 会员资格和可持续性的影响	准备新加入 ICOS ERIC 的国家的数量	· 新加入的国家提供的基站数量 · 网络的地理覆盖范围 · 培训人员数量
2	对促进温室气体测量技术进一步发展的影响	可标准化和可操作的新方法/参数的数量	· 测试的新仪器或新方法的数量 · 开发的技术规范或协议的数量
3	对企业及中小企业技术发展的影响	在未来的活动中接触的企业数量	· 物理访问案例的数量 · 为今后的发展提供的结果数量
4	科学影响	· 在全球气候和生物地球化学循环研究领域，ICOS 起到关键作用的出版物数量 · 基于最新可用数据类型的新科学方法的出版物数量	
5	对全球原位观测系统中温室气体的影响	ICOS 在全球观测系统中的连通性	· 签订的谅解备忘录的数量 · 通过元数据连接到 ICOS 的全球数据门户的数量
6	社会影响	ICOS 数据和产品的社会相关性	· 在 IPCC、GCP 和 UNFCCC 的报告中引用 ICOS 相关出版物的次数 · 各类报告中的引用数据量 · 在 ESFRI 框架内，为环境领域的研究基础设施制定通用的社会影响评估体系

3 对中国国际大科学计划（工程）监测体系的启示和建议

自牵头组织国际大科学计划和大科学工程成为新时期的一项重点任务以来，中国各部门在大科学项目培育、顶层设计等方面开展了诸多工作。例如，中国科学院于 2016 年设立了“国际大科学计划培育专项”，支持国际大科学计划的培育工作，该专项 2016 年和 2017 年共支持设立了 20 个项目；科技部于 2018 年发布了《国家重点研发计划战略性国际科技创新合作重点专项 2018 年牵头组织国际大科学计划和大科学工程培育项目申报指南建议》。同时，《积极牵头组织国际大科学计划和大科学工程战略规划（2020—2035 年）》已正式启动编制工作。然而，研究也发现，目前发布的国际大科学培育项目并未建立起体现大科学特点的监测评价体系，不利于遴选和培育出真正可牵头开展的国际大科学计划和大科学工程。本文基于对《欧盟大型研究基础设施路线图》中对设施监测评估的经验，初步提出中国国际大科学计划（工程）的监测评估体系，供相关管理部门参考。

3.1 建立中国国际大科学监测和评估机制

本文提出了符合中国国情的国际大科学评估和监测机制，如图 5 所示。将国际大科学计划（工程）按其所处阶段的不同，实施分类支持机制，即将大科学项目分为准备阶段的项目、建设/实施阶段的项目及运行阶段的项目。同时，将监测和评估行为分为项目遴选、年度监测和绩效评价。项目遴选仅针对准备阶段的项目，若其符合遴选标准，则纳入规划。年度监测针对准备阶段、建设/实施阶段及运行阶段的所有项目，其内容包括两个方面：一是看其进展是否与目标相符，是否存在管理实施方面的问题，以及是否超出预算等；二是看其是否转入下一阶段，以便及时更新规划，同时可参考欧盟的 10 年周期规则，若 10 年后仍然无法进入建设/实施阶段，则移出规划。绩效评价仅针对运行阶段的项目，主要内容为其在全球挑战、前沿突破、人才培养、产业发展等方面取得的成效，绩效评价可 2 ~3 年开展一次。

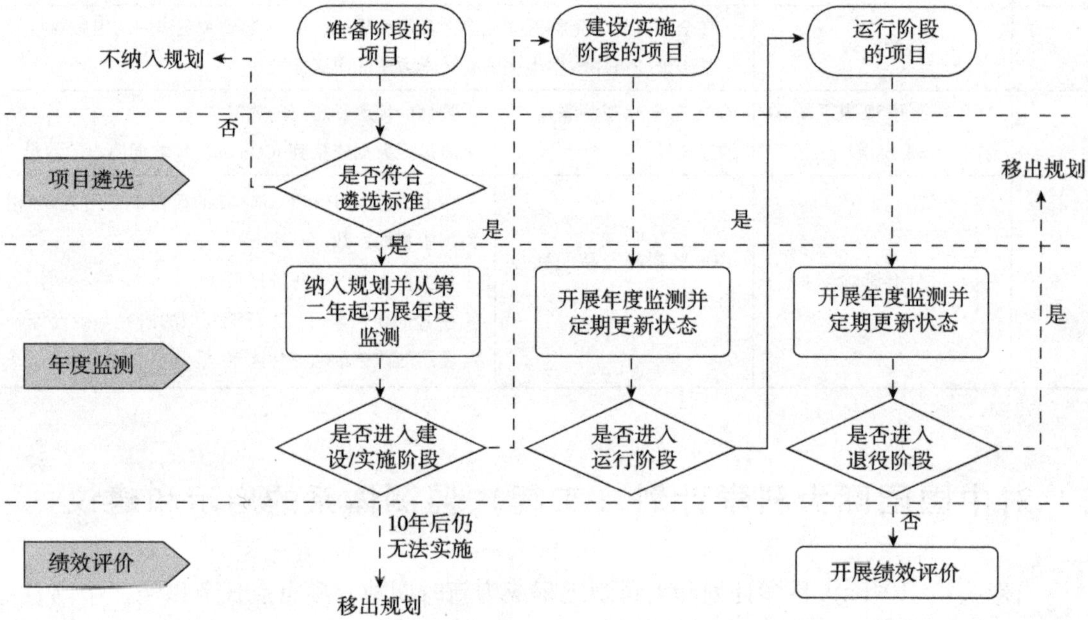

图 5　符合中国国情的国际大科学评估和监测机制

3.2　设立科学的大科学监测和评估指标

根据大科学项目的特点，本文尝试从项目遴选、年度监测、绩效评价 3 个方面建立大科学项目的监测评估指标体系。

（1）项目遴选。立项评估是政府或社会资本对大科学项目进行决策的重要依据。其主要应考虑以下几个方面：一是战略重要性，即这项科学活动是否满足国家紧迫需求，是否能够带来巨大的社会效益。二是项目的科学价值，即该项目是否具有重大的科学意义，是否能在前沿领域取得重大突破。三是项目的可行性，包括技术基础、团队能力、项目建设的可行性等。四是项目国际性，包括国际背景、吸纳国际资源的能力等。

（2）年度监测。主要注重以下几个方面：一是项目目标的实现程度，即项目是否完成了年度目标及阶段性目标。二是技术进展情况，该项目取得了哪些进展，取得了哪些产出。三是组织管理情况，即该项目在经费管理、技术管理、项目内部沟通、进度管理、质量控制等方面的情况。四是国际合作情况，即该项目开展了多少国际科技合作活动，设施的国际共享程度如何。五是经费执行情况，即该项目经费支出是否合理，是否有超预算的风险。

（3）绩效评价。从投入—活动—产出—效果—影响全链条的角度，全面评价国际大科学计划（工程）在运行一段时间后所取得的绩效。主要包括以下几个方面：一是投入情况，包括设计经费、建设经费、运行经费、研究经费，以及人员投入情况。二是科研活动，包括设备采购、平台建设、项目研究、国际合作、人员交流、设施共享情况等。三是成果产出情况，即依靠大科学项目，产出的论文、专利、新产品、新技术、标准、人才等。四是效果和影响，包括在前沿领域率先实现突破，实现成果转移转化，凝聚和培养一批具有国际视野的高水平科研和工程技术人才，推进中国科研管理理念和机制与国际接轨，增强中国科学技术的国际影响力，提高中国的国际地位等。

3.3 注重关键议题和关键环节的监测与评价

本文认为中国在开展国际大科学监测和评价的过程中，还可在以下 3 个方面重点加强。

（1）充分发挥专家咨询的作用，吸纳广泛的利益相关方参与。欧盟在制定路线图时，吸纳了广泛的利益相关方参与决策、管理、监测和评估等工作，邀请的专家来自不同国家、机构和领域。中国在对大科学进行监测和评价时，也应充分征求多方意见，考虑各地区、各机构和各领域的相关利益。

（2）参照国际标准遴选国际大科学计划（工程）的领域划分标准。欧盟对其大型研究基础设施的领域划分已渐趋成熟，其他国家如英国、俄罗斯等也与其类似，建议中国在制定国际大科学规划时，按照能源，环境，健康和食品，物理科学与工程，社会和文化创新，数据、计算和数字研究基础设施进行领域划分和归类。

（3）开展对领域发展状况的全景分析和评估。欧盟各版本路线图均包含对领域发展现状的分析，且越来越受其重视，中国在制定大科学规划时，也可对世界范围内的大科学设施现状、未来发展方向，以及与中国现阶段需求的相关性，开展全景分析与评估，确保中国的大科学战略规划有效融入全球科技发展格局中。

参考文献

[1] PRICE D J. Little science, big science [M]. New York: Columbia University Press, 1963.

[2] 国务院关于印发积极牵头组织国际大科学计划和大科学工程方案的通知．[A/OL]．[2019-03-26]．http://www.gov.cn/zhengce/content/2018-03/28/content_5278056.htm.

[3] 梁田，杨志萍，史继强．国外科技基础设施科技政策特点和制定流程分析 [J]．科技管理研究，

2018，38（12）：52－58.

［4］程如烟．欧盟2016年研究基础设施路线图的组织管理及启示［J］．世界科技研究与发展，2017，39（1）：3－7.

［5］贾无志．欧盟科研基础设施开放共享立法及实践［J］．全球科技经济瞭望，2018，33（5）：28－32.

［6］陈娟，罗小安，樊潇潇，等．欧洲研究基础设施路线图的制定及启示［J］．中国科学院院刊，2013，28（3）：386－393.

［7］ESFRI. European roadmap for research infrastructures report 2006［R/OL］．［2018－10－10］．http：//ec. europa. eu/research/infrastructures/pdf/esfri/esfri_roadmap/roadmap_2006/esfri_roadmap_2006_en. pdf#view = fit&pagemode = none.

［8］ESFRI. European roadmap for research infrastructures-roadmap 2008［R/OL］．［2018－10－10］．http：//ec. europa. eu/research/infrastructures/pdf/esfri/esfri_roadmap/roadmap_2008/esfri_roadmap_update_2008. pdf#view = fit&pagemode = none.

［9］ESFRI. Strategy report on research infrastructures-roadmap 2010［R/OL］．［2018－10－10］．http：//ec. europa. eu/research/infrastructures/pdf/esfri-strategy_report_and_roadmap. pdf#view = fit&pagemode = none.

［10］ESFRI. Strategy report on research infrastructures-roadmap 2016［R/OL］．［2018－10－10］．http：//www. esfri. eu/sites/default/files/20160309_ROADMAP_browsable. pdf.

［11］ESFRI. Strategy report on research infrastructures-roadmap 2018［R/OL］．［2018－11－20］．http：//roadmap2018. esfri. eu/media/1066/esfri-roadmap－2018. pdf.

［12］积极牵头组织国际大科学计划和大科学工程战略规划（2020—2035年）编制启动会在京召开［EB/OL］．［2019－03－26］．https：//www. sciping. com/23658. html.

调研报告

中美研发合作40年：发展与演化*

——国际论文视角

杨　洋　李　哲**

（中国科学技术发展战略研究院，北京）

1979年1月1日中美正式建交。40年来，两国在经济、科技、文化、教育等方面开展了大量合作，在各自取得重要成就的同时，也为世界的发展做出了巨大贡献。2018年中美贸易争端升级，美国对中国的技术遏制战略逐渐显露，中美间科技竞合的色彩越来越重。一时间国内外众说纷纭，"中美脱钩""铁幕即将落下""新冷战时代即将开启"等言论不绝于耳。如果将中美科技创新看作相互联系并共同演化的整体，从发展演化的视角来观察中美关系，也许能为我们提供更加细致、理性的认识和更具前瞻性的判断。学术论文是科学技术显性化、编码化的重要代表，也是国家间知识流动与扩散的重要渠道和方式。本文利用1979年中美正式建交以来两国国际论文数据①，从国际论文视角分析中美研发合作关系的发展与演变，为正确认识中美科技竞合提供参考。

一、中美学术合作情况

中美学术合作早于中美正式建交。从《中美联合公报》（又称《上海公报》）签署的第二年，即1973年开始，中科院、吉林大学等国内机构就开始与天普大学（Temple University）、西弗吉尼亚大学（West Virginia University）等美国研究机构在动物学、数学和医学等领域合作发表国际论文②，截至1978年中美共合作发表国际论文15篇。1979年中美

* 本研究受科技部战略研究专项"中国特色科技创新理论内涵研究""国家创新体系发展趋势、国际经验与模式研究""创新型国家建设监测和政策研究支撑""科技改革开放四十年研究与宣传"等项目的资助。

** 作者简介：杨洋，中国科学技术发展战略研究院科技体制与管理研究所副研究员；李哲，中国科学技术发展战略研究院科技体制与管理研究所所长，研究员。

① 本文中学术论文数据均来源于Web of Science核心合集，包括SCI-EXPANDED、SSCI、A&HCI、CPCI-S、CPCI-SSH、ESCI，数据采集时点为2019年3月1日。

② 中科院与天普大学在American Zoologist上发表了名为"Nucleic-acid Mediated Transformation in Goldfish"的论文；吉林大学与西弗吉尼亚大学合作在Notices of the American Mathematucal Society上发表了名为"New Pair of Inverse Series Relations"的论文等。

建交当年合作发表国际论文 17 篇，远超过去 6 年之和，1980 年进一步增长到 60 篇。此后，中美学术合作发表论文在数量、质量、领域等方面都呈现迅速提升态势。

（一）中美 40 年学术合作的整体性变化

纵观中美 40 年学术发表历程，两国当前不仅在数量上已是世界排名前两位的学术发表大国，而且学术合作的广度和深度都已大幅增强。

事实 1：中国论文发表提升迅速，已成为同美国相近的具有举足轻重作用的学术发表大国。在数量方面，1979 年中国参与的国际论文仅发表 472 篇，世界占比不到 0. 07%，2018 年中国参与的国际论文发表 47 万余篇，增长约 1000 倍，世界占比达 17. 19%，稳居世界第二。美国学术发表增长相对较慢，但 40 年也增长了 1. 6 倍，2018 年世界占比 25%，虽比 1979 年（37%）大幅下降，但仍高居世界第一（图 1）。2018 年，中美共参与发表国际论文 110 多万篇，世界占比超过 40%。**在质量方面，**中国参与的高被引论文[①]从 2008 年的 865 篇增加到 2018 年的 4002 篇，增长了 3. 6 倍，同期美国参与的高被引论文从 6048 篇降为 5467 篇。从累积量看，2008—2017 年美国参与的高被引论文全球占比达 49%，位列第一，中国为 18%，位列第二（图 2）。全球 2008—2017 年的高被引论文中，有中国或美国参与的论文数达 94 794 篇（全球共 151 880 篇），占比达 62%。

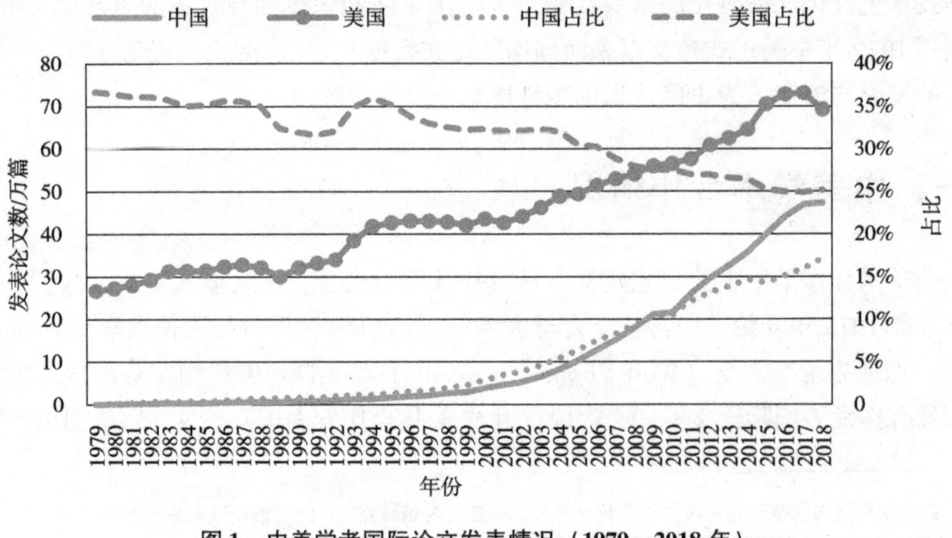

图 1　中美学者国际论文发表情况（1979—2018 年）

（数据来源于 Web of Science 核心合集）

① 高被引论文指近 10 年来被引频次排在该领域前 1% 的论文。

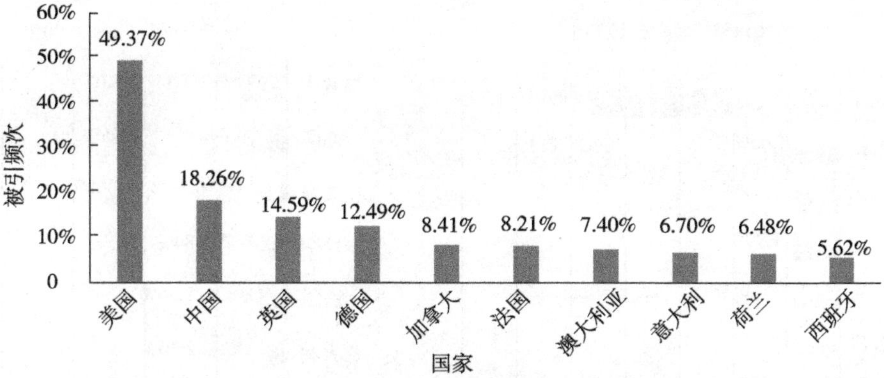

图 2　2008—2017 年高被引论文国家分布（前 10 名）

（数据来源于 Web of Science 核心合集；国家分布为各国学者参与的论文占比情况）

事实 2：中美合作研究发展迅速，合作数量和质量突飞猛进，双方已互为最大国际发表合作国。在数量方面，中美合作发表国际论文从 1979 年的 17 篇增加到 2018 年的 56 171 篇，增长了 3300 多倍，远高于中国和美国各自发表论文的增长率。美国一直是中国最大的国际论文合作国，合作论文在 1985 年前后曾占中国国际论文发表总量的 12%，之后虽有下降但基本都维持在 7% 左右，2006 年以来占比再次上升，2018 年已接近 12% 的历史高峰。中美合作发表国际论文占美国论文发表的比重也不断上升，从最开始的微不足道，到 2018 年占比超过 8%，中国已成为美国最大的论文合作国（图 3、图 4）。**在质量方面，**中美合作高被引论文数量从 2008 年的 246 篇增加到 2018 年的 960 篇[①]，占美国高被引论文总量的比重从 5% 增长到 18%，占中国高被引论文总量的比重始终维持在 25% 以上（图 5）。

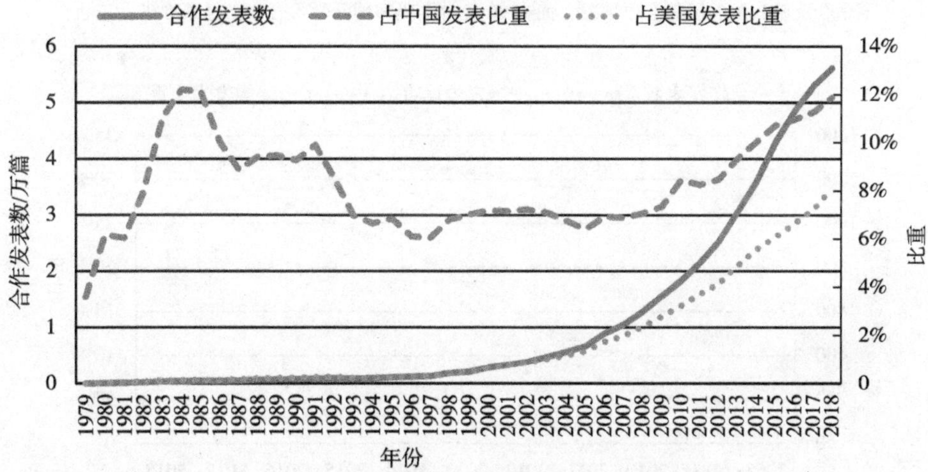

图 3　中美合作论文发表情况（1979—2018 年）

（数据来源于 Web of Science 核心合集）

① 根据论文被引变动情况，估计这一数据还会上升。

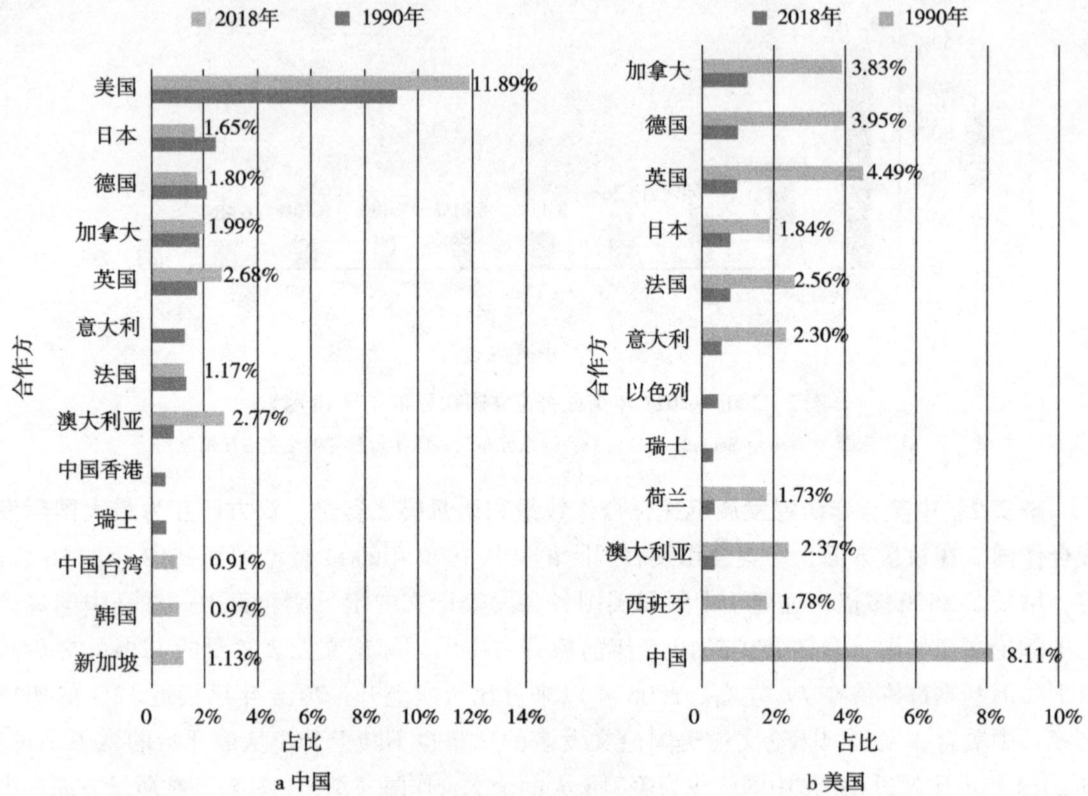

图 4　中国和美国论文发表主要国际合作（前 10 名）

（数据来源于 Web of Science 核心合集，没有选择 1979 年作为对比年份是因为距离多国与中国建交时间较短，不适合反映我国的国际合作情况，而 1990 年时，我国国际学术合作已经基本步入正轨）

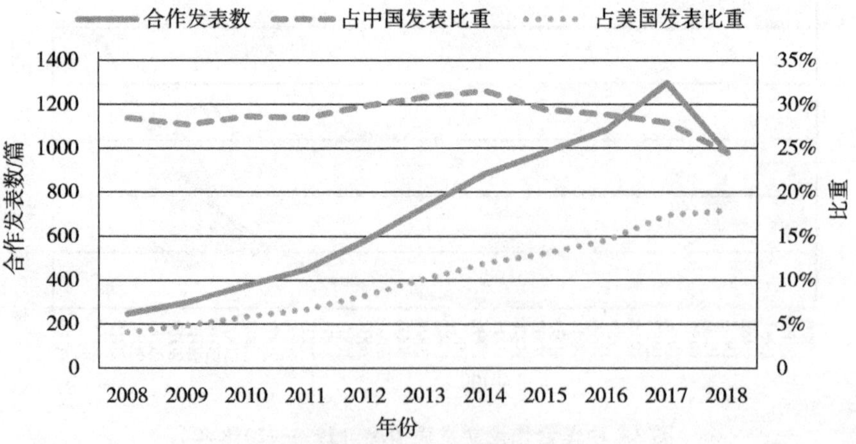

图 5　中美高被引论文合作情况（2008—2018 年）

（数据来源于 Web of Science 核心合集）

事实 3：中美合作研究依存度越来越高，但从历史视角看，中国整体对美国的依存度更深。从合作机构看，1979—2018 年，双方参与合作研究的机构数量从 30 家增长到近 3 万家，合作主体大幅增加。从合作领域看，从最初的 14 个领域扩展到 244 个领域，涵盖中国和美国 96% 以上的研究领域（表 1）。从合作国家构成看，虽然美国一直是中国的最大国外合作方，但中国直到 1990 年尚未进入美国国际合作方的前 10 名，而 2018 年中美已互为论文发表的最大国外合作方（图 4）。虽然中美彼此在论文合作的数量、领域、机构等方面已经互为非常重要的伙伴，但从整个发展历程看，中国对美国的依赖度更深一些。在论文数量方面：1979—2018 年，中美合作论文总量超过 42 万篇，占同期中国参与的国际论文总量的比重为 9. 34%，也就是说差不多每 10 篇中国参与的国际论文中就有 1 篇同时有美国参与，排名第二的合作方英国占比不到 2%，远低于美国；而同期中美合作论文仅占美国论文总量的 2. 3%，与美英、美加和美德的论文合作数量相差不大（图 6）；即便是 2018 年，中美合作论文占中国国际论文总量的比重已接近 12%，但占美国的比重才刚超过 8%。

表 1　中美合作国际发表机构及领域情况（1979—2018 年）

年份	合作机构数	中国发表领域数	美国发表领域数	中美合作发表领域数
1979	30	75	251	14
1980	89	125	251	33
1985	495	196	252	141
1990	866	223	252	165
1995	1316	233	254	178
2000	2304	246	254	217
2005	4614	249	254	219
2010	10 230	248	254	238
2015	22 844	251	254	242
2018	29 683	253	254	244

注：数据来源于 Web of Science 核心合集，研究领域根据 Web of Science 类别划分。

在高被引论文方面，这一点体现得更为明显。2008—2017 年，中国参与发表的高被引论文中有 29% 同时有美国参与，排名第二的英国参与的比重仅为 8. 6%；同期，美国参与发表的高被引论文中，同时有中国参与的比重为 11%，落后于英国（13%）和德国（12%）（图 7）。

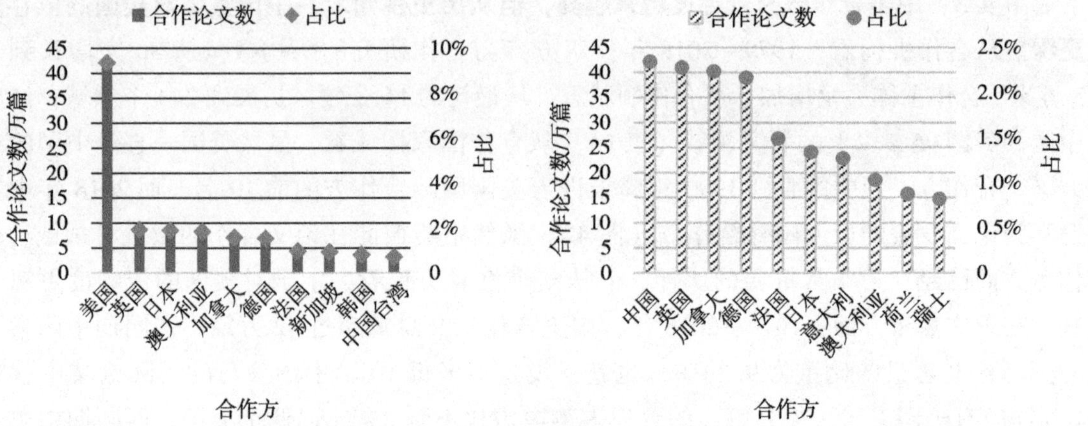

a 中国　　　　b 美国

图 6　中国和美国国际论文合作情况（1979—2018 年）

（数据来源于 Web of Science 核心合集，国际合作是指论文中有其他国家/地区学者参与）

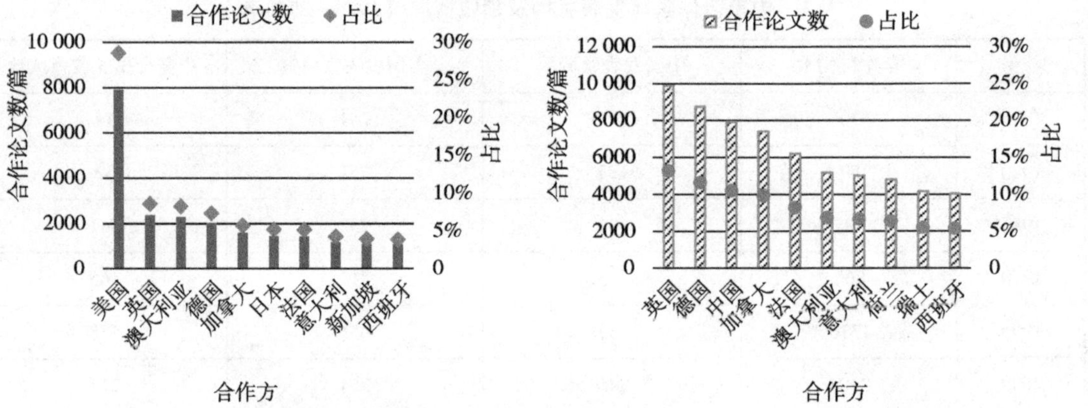

a 中国　　　　b 美国

图 7　中国和美国高被引论文国际合作情况（2008—2017 年）

（数据来源于 Web of Science 核心合集，国际合作是指论文中有其他国家/地区学者参与）

（二）中美 40 年学术合作的结构性变化

事实 1：合作领域由基础研究为主转变为基础研究、应用基础研究并重，但应用基础研究更为热门的局面。1980 年，中美合作论文主要集中在基础研究领域，包括物理学、天文学与天体物理学、数学、化学等，其中物理学、天文学和数学这 3 个基础研究方向占比就超过 65%，物理学方向占比更是高达 41%，到 1990 年，天文学与天体物理学已经退出合作前 5 位，物理学占比也下降为 21%，工程科学开始成为合作研究主要方向，占比超过 10%，并逐年提升。之后，材料科学、计算机科学等应用性基础研究进入合作研究前列，而数学则退出了前 5 位。2018 年，中美合作研究排名前 5 位的方向依次为工程科学

（17%）、化学（13%）、材料科学（12%）、物理学（10%）和计算机科学（8%）。需要指出的是，从时间趋势看，工程科学、化学等方向的占比呈逐年上升态势，而物理学方向的占比则逐年下降。更细致的领域分析显示，材料科学和电气电子工程 2010 年以来一直高居中美合作研究前 2 位。至此，中美合作研究已经转变为基础研究、应用基础研究、应用研究全面展开，但应用基础研究和应用研究更为热门的局面（图 8）。

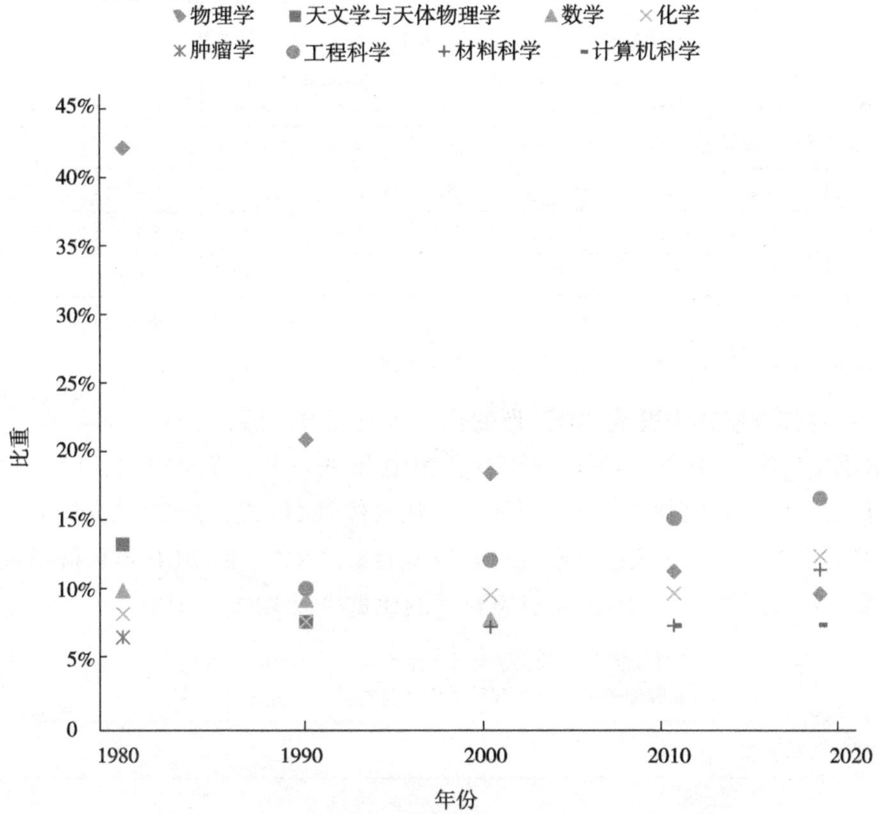

图 8　中美主要合作研究方向演变（1980—2018 年）

（数据来源于 Web of Science 核心合集，研究方向根据 Web of Science 方向划分，
各系列表示当年中美合作论文中该研究方向所占的比重）

事实 2：知识扩散方向由单向流动为主向双向流动转变。中美合作研究最初主要集中于物理学、数学、化学等基础研究领域，按照当时中美的科技水平，知识的主要流动方向是从美国流向中国。但随着我国科技水平提升，中国向美国流动的知识也逐渐增加。在化学领域，中国学者参与的高被引论文为 8748 篇，其中由中国学者独立完成的有 5441 篇；美国学者参与的高被引论文为 7932 篇，由美国学者独立完成的为 4463 篇；中美学者共同参与的高被引论文有 1622 篇。材料科学领域，中国学者参与的高被引论文为 4661 篇，其中由中国学者独立完成的有 2683 篇；美国学者参与的高被引论文为 4432 篇，由美国学者独立完成的为 2269 篇；中美学者共同参与的有 1034 篇。此外，在化学、材料科学、

工程科学、计算机科学和生物化学与分子生物学等中美学术发表的热门领域，高被引合作论文中由中国学者作为通讯作者的比重近10年来大幅提升（表2）。可以认为，在这些研究领域中美各自都已经在生产高水平知识，并通过合作研究促进了知识流动与知识生产。

表2 中美高被引合作论文通讯作者所属国家统计

单位：篇

	化学		材料科学		工程科学		计算机科学		生物化学与分子生物学	
年份	2008	2017	2008	2017	2008	2017	2008	2017	2008	2017
中国	13(46%)	217(74%)	6(27%)	145(73%)	14(63%)	157(82%)	10(77%)	66(83%)	4(13%)	33(65%)
美国	15(54%)	64(22%)	16(73%)	45(22%)	7(32%)	25(13%)	3(23%)	7(9%)	7(54%)	12(24%)
其他	0(0)	12(4%)	0(0)	10(5%)	1(5%)	10(5%)	0(0)	6(8%)	2(15%)	6(12%)
总计	28	293	22	200	22	192	13	79	13	51

注：数据来源于Web of Science核心合集，计入中国的论文是第一作者的第一单位为中国机构，美国及其他国家同理，括号内为该国学者作为通讯作者的论文占合作论文总数的比重。

事实3：合作领域集中度成“U”形变化。从研究方向看，1980年排名前5位的合作研究方向占比达80%，1990年下降到56%，2010年进一步下降到51%，但之后合作集中度又出现上升，2018年已接近60%（图9）。从具体领域[①]看，1985—2005年，几乎没有任何一个研究领域的合作发表占比超过总合作发表量的8%，但2010年后材料科学、工程科学的比重一度均超越8%，2018年材料科学的比重接近10%（图10）。

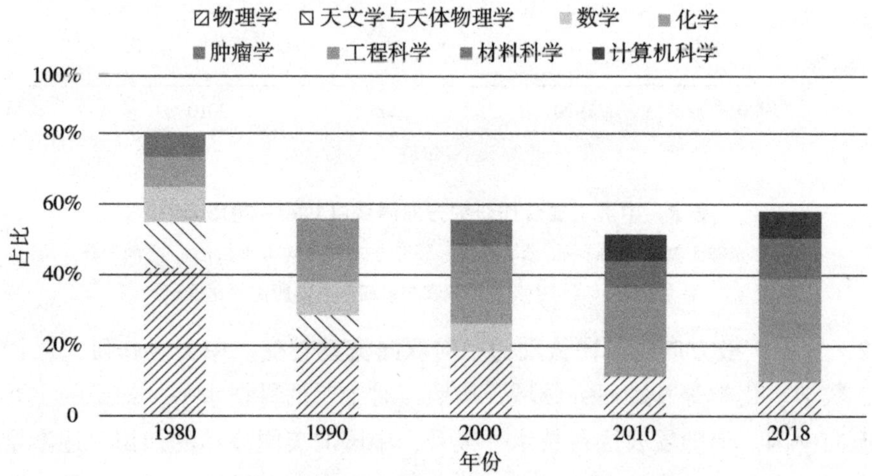

图9 中美合作方向前5位占比情况

（数据来源于Web of Science核心合集）

① 根据Web of Science，研究领域比研究方向更为细致，现研究领域划分为254个，研究方向为152个。

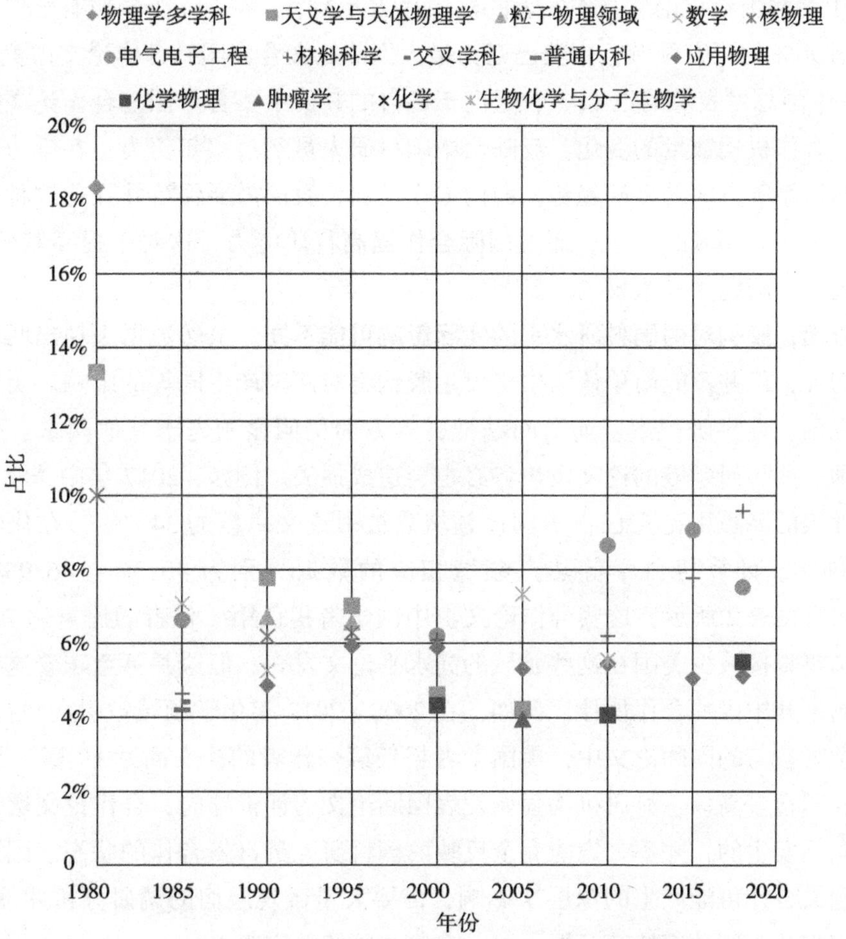

图 10　中美合作论文主要领域变迁（1980—2018 年）

（数据来源于 Web of Science 核心合集，研究领域根据 Web of Science 领域划分，领域比研究方向的划分更加细致，研究领域共划分为 254 个，研究方向为 152 个）

二、相关结论与建议

通过中美国际发表数据研究，结合当前中美科技竞合现状，本文得出以下基本结论和建议。

（一）基本认识

数据客观反映了中美两国在国际论文方面已形成的深度联系，但中美脱钩产生的深层次影响尚需跟踪分析。

一方面，中美在论文合作发表方面已成为融合程度最深的国与国之间的关系之一。

2018 年，中美两国参与论文合作发表的机构达 2 万多个，在 244 个领域有合作研究，涉及美国和中国 96% 的研究领域，中美已互为最大国际论文合作国，合作论文占美国总发表量的 8%，占中国总发表量的近 12%，远高于各自的其他主要合作国。合作论文数量、合作领域数量、合作机构数量的变化，反映出中国科研人员经过多年努力，在学习、合作、融入全球科研体系等方面的良好趋势。面向未来发展，我国需要保持并强化这种趋势，面向世界各国扩大科研领域的开放，通过国际合作提高科研能力，这对于提高基础研究水平、解决从 0 到 1 的问题尤其重要。

另一方面，脱钩对两国科研水平的实际影响可能不同。虽然数据表现出两国研发合作的高度密切性，但并不能简单认为中美发生脱钩将对两国产生同等的影响。美国作为世界头号科技强国，在科研积累、前沿问题把握等方面仍明显领先于其他国家。如果发生脱钩，对美国一些科研领域的论文发表势必也会造成损失。例如，2017 年中美学者在物理学领域合作发表的高被引论文已占美国该领域高被引论文总数的 34.2%，在化学、工程科学、材料科学、计算机科学等热点领域相应的数据分别为 40.8%、46.9%、48.2%、54.0%，而且据表 2 所示，这些合作论文由中国学者担任第一作者的比重达 70% ~80%，因此，脱钩将直接减少美国在这些领域的高水平论文发表。但这并不意味着这些领域美国的科学家离不开中国的合作伙伴。例如，在 2008—2017 年化学领域被引次数排名前 20 位的有美国学者参与的国际论文中，美国学者担任第一作者的论文高达 19 篇。而且，近 10 多年来，我国很多高校、科研机构强调发表国际论文的评价导向，合作论文增长也是在这种评价导向下发生的，并不一定能完全反映两国科研人员自发合作的状态。因此，针对脱钩对中美论文合作可能产生的深层次影响，需要大量微观层面的调研分析才能进行佐证。对此，我们将从不同角度持续开展跟踪，充实和凝练研究观点。

（二）相关建议

一是要注重练好内功，同时不要过分渲染脱钩可能性。一方面，虽然中国在中美国际论文合作中扮演的角色越来越重要，但在顶尖研究方面依然与美国存在较大差距。例如，在化学领域，2008—2017 年排名前 20 位的高被引论文中，没有一篇是中国学者为第一作者或通讯作者的，而美国学者作为第一作者的有 10 篇。另一方面，两国学术发表合作融合度不断提升，目前已互为最大的合作伙伴。不同于低水平的产品加工制造，作为知识生产的学术研究，在短期和长期内均难以找到合适的合作替代方，脱钩对两国研发体系都将构成重大冲击。与此同时，学术研究作为具有公共属性的知识生产活动，本质上要求开放合作。因此，任何一国的封闭政策不仅会受到研究人员的强烈反对，而且会严重损害自身的科研水平。

二是以开放为核心，抓紧机遇深化改革进一步强化与美国在基础研究领域的合作。中美两国具有良好的基础研究合作基础，物理学、化学、数学、生态环境科学等基础研究一直是两国重要的合作领域。同时，这些领域的大部分研究政治敏锐性较低，不易受到美国政府阻挠。因此，一方面要通过加大基础研究项目开放力度、试点科研经费跨国流动等体制机制改革进一步加大基础研究开放；另一方面，也要积极鼓励和争取与秉持开放理念的美国高校层面的研究合作，深化与美国在基础研究领域的合作关系。强化基础研究绝不仅仅是增加研究经费，更重要的是将经费用在刀刃上，汇聚全球优质研发资源共同创造知识。

三是依据形势调整政府相关举措，避免刺激美国“敏感点”。当前，美国主要以人才计划、敏感领域为抓手限制中美研发合作。因此，国内相关举措也应顺势调整。一方面是将政策资源从以人才项目为核心向以科研项目为核心转移。以科研项目为抓手，吸引国际人才，并将入境通关、工作、学术交流等便利由“以人为准”推广至“以项目为准”，凡是参加项目的人员皆享有相关便利。另一方面，适时取消国家层面的人才计划，取而代之的应该是技术移民等制度性举措，以及以高校院所和企业为主体的引才计划。

四是要注意我国高度依赖美国以至于在脱钩情况下可能遭受非对称冲击的重点领域。例如，神经科学等医学领域。2018 年，我国学者参与的神经科学领域高被引论文共 47 篇，其中 29 篇是与美国学者合作发表，占比达 61.7%，但只占美国该领域高被引论文的 7.8%。要对这些非对称影响领域进行梳理，积极扩大和强化与英、德、法等欧盟国家在这些领域的合作，搭建更为广泛稳健的研究合作网络。

人工智能加速交叉融合，驱动各领域技术创新

——基于第六次国家技术预测结果的分析

李修全　王书华*

（中国科学技术发展战略研究院，北京）

人工智能历经半个多世纪的理论探索和技术演进，近年来深度学习引领了全球人工智能第3次浪潮，推动人工智能技术从实验室阶段进入产业化初期阶段。人工智能作为一项通用型、使能型技术，具有极强的领域交叉特征。第六次国家技术预测中的人工智能技术分布，反映出当前人工智能技术正在加速向制造业、交通运输业、公共安全等各领域交叉融合，改变社会生活，赋能传统产业，未来有望成为经济社会变革的重要驱动力量。

一、第六次国家技术预测中的人工智能技术

为配合我国“十四五”规划和新一轮中长期科技发展规划制定，2019年科技部启动实施第六次国家技术预测工作，选择了信息、生物、新材料、制造、空天、能源、资源、环境、农业农村、食品、海洋、交通、现代服务业、公共安全、人口健康、城镇化等16个领域。其中，国家技术竞争评价是技术预测整体工作的第一个阶段，目的是客观评价我国主要科技领域的技术实力，为有效应对国际科技竞争提供重要依据，并为技术趋势预测和国家关键技术选择夯实基础。

技术竞争评价的技术清单是各领域专家组根据技术的重要性及可行性遴选出的各领域关键技术。在此次国家技术评价中，16个领域共评价关键技术2262项。其中，与人工智能直接相关的技术达到354项，占全部的15.6%。人工智能在各领域的交叉型技术数量，以及占各领域技术总数的比例（称人工智能技术渗透率），体现了当前人工智能在各行业应用落地的路径和趋势。从人工智能技术在各领域中的分布来看，人工智能正在向16个领域全面交叉渗透，其中，在信息、公共安全、制造、城镇化、现代服务业、食品、交通

* 作者简介：李修全，中国科学技术发展战略研究院科技预测与评价研究所研究员；王书华，中国科学技术发展战略研究院院务委员、科技预测与评价研究所所长，研究员。

等领域应用渗透程度最高，人工智能技术数量分别占该领域总技术数量的34.0%、26.7%、26.7%、25.4%、22.5%、22.1%、17.5%。而人工智能在新材料（3.6%）、环境（4.2%）、海洋（6.3%）、能源（7.5%）等一些领域的应用渗透率相对较低。

二、人工智能领域渗透应用呈现加速趋势

科技部曾于2013—2015年组织开展了第五次国家技术预测，设有信息、生物、新材料、先进制造、地球观测与导航、能源、环境、农业、海洋、交通、公共安全等11个领域，在技术竞争评价阶段共评价了1346项技术，其中人工智能相关技术为114项，占总技术数的8.5%。

从两次技术评价对比来看，5年内人工智能技术在各领域的平均渗透率提高了84.0%，并表现出以下特点。

（1）空天、交通、制造、公共安全、信息等领域是人工智能技术应用的传统重点。在两次技术竞争评价中，空天、交通、制造、公共安全、信息等领域的人工智能技术渗透率均超过了10.0%。如在第五次技术竞争评价中，空天领域为15.6%、交通领域为17.9%、制造领域为16.9%、公共安全领域为14.1%，以及信息领域为12.7%。在第六次技术竞争评价中，空天领域为25.6%、交通领域为17.5%、制造领域为26.7%、公共安全领域为26.7%，以及信息领域为34.7%。

（2）能源、农业农村、生物、海洋等渗透率不高但5年间增长最为明显。从两次技术评价的技术清单对比可以看出，人工智能技术在能源、新材料、环境、海洋、农业农村等领域应用渗透率总体偏低。除第六次技术评价中农业农村领域的人工智能技术渗透率超过10.0%之外，其他各领域在两次技术评价中的人工智能技术渗透率均低于10.0%。然而，对比两次技术评价，能源、农业农村、生物、海洋等领域的渗透率提升最为明显，能源领域由0.9%提升至7.5%；农业农村领域由3.8%提升至14.8%，生物领域由3.7%提升至8.2%，海洋领域也由3.5%提升至6.3%。

（3）5年内的技术分布变化体现了信息科技变革的客观规律。近年来人工智能技术的兴起实际上是信息技术创新演化的内生动力驱动的，智能化是信息科技变革必然的发展方向。例如，在上一轮技术评价中，海洋领域的信息技术主要为海底传感设施部署技术、海洋大数据技术等环境感知、数据获取类技术；本轮技术评价中，态势预测、路径导航、智能化决策、自主无人控制等人工智能类技术开始大规模出现，反映出信息技术从建立传感感知、数据获取能力向构建基于传感和数据的智能算法和智能决策能力跃升的明显趋势。

三、人工智能正在成为经济社会转型发展的重要驱动力量

我国经济社会发展目前正面临一系列挑战。在经济领域，实体经济下行压力不断增

大，深化供给侧结构性改革任务非常艰巨；在社会领域，当前正处于全面建成小康社会的决胜阶段，教育、医疗、养老等民生领域供给短缺，人口老龄化、资源环境约束等挑战依然严峻。从第六次技术预测中各领域人工智能技术应用的主要方向来看，人工智能正在为经济社会转型发展聚能蓄力，智慧城市和交通、智能制造和装备、社会安全、医疗和公众健康成为当前人工智能应用的重点领域。

（1）智慧城市和交通。从第六次技术评价中人工智能技术的分布来看，当前应用于城市和交通领域的人工智能技术重点聚焦 3 个方向：一是解决城市规划和基础设施管理智能化问题，帮助城市的基础设施构建一套“数字孪生体”，以统筹规划城市排水系统，更集约更智能地进行水、电、暖、燃气的供应，实现数字化全生命周期的城市基础设施管理和诊断；二是解决城市建筑施工和社区建设智能化问题，实现智能勘探、智能施工、智能化的建筑监测和管理、绿色建筑智能化节能，以及研究智慧的养老院、图书馆、体育场、园林景区等技术；三是解决城市的道路、轨道、航空交通管理智能化问题，通过交通道路传感器部署、车辆和交通设施的车路协同系统、高精度地图导航、智能停车系统等技术，解决城市交通中的拥堵、污染、事故等问题。

（2）智能制造和装备。应用于智能制造和装备的人工智能技术主要通过生产智能化、装备智能化、运维管理智能化等途径升级智能制造能力。生产智能化技术包括智能柔性生产线、多传感器质量检测、虚拟数字化生产仿真、人机协同制造等，实现工业物料智能在线检测、筛选和自动装配，不仅有助于优化生产工艺，提高生产效率，还将显著降低生产成本；装备智能化技术包括智能工业机器人、智能检测与装配装备、智能物流与仓储装备等，有助于提升产品质量，实现非标准产品的个性化制造能力；运维智能化技术基于传感器和物联网（The Internet of Things，IoT）的设备故障诊断及维护技术，实现设备的远程管理、故障诊断和预防性维护，起到提升能效、节约成本的目的。

（3）社会安全。应用于社会安全的人工智能技术主要致力于提高应对复杂局势下风险管控能力，提升城市活动、重大基础设施、市场交易和金融系统的安全性。例如，对特大城市人流密集区域等重点目标区域实现智能管控和应急救援；对高层建筑物、超高压输电网络、水电煤等重大基础设施的监测识别；运用网络主动防御和自动化攻击提升了网络系统防御能力；运用反洗钱技术、假冒伪劣产品智能识别、虚假广告识别与处置等技术降低金融和市场风险等。

（4）医疗和公众健康。在医疗和人口健康方面，人工智能在食品营养与安全、健康管理与疾病诊断治疗、康复和养老、药物研发与制造、生物信息等方面的应用较为集中。例如，对食品加工过程进行状态感知与品质在线监控；通过有害物快速筛查、智能判别及产品溯源等技术提升食品安全性；利用人体可穿戴设备提供的传感能力实现防范预测疫病能力；借助智能药剂制备装置、精准药物设计、个体化药物研发技术提升药物研发的效率和成功率；运用康复机器人、智能外骨骼、脑机接口等技术帮助残疾人士进行康复训练和辅助自主正常生活等。

可见，人工智能作为一项通用型、使能型技术，当前正在以服务国家战略需求、支撑经济社会转型发展为目标，推动各领域的技术创新和模式变革，赋能百业，并可能通过交叉融合引发多个领域的颠覆性创新。

四、思考与建议

我国在城市管理、公共安全、医疗保健、教育教学等各领域积累了大量数据资源，具备丰富的技术落地场景。人工智能技术在各领域的应用，既有利推进经济转型发展、提升人民福祉，也为我国人工智能技术率先落地、加快迭代提供了独特优势。当前阶段，我国发展人工智能应坚持理论攻关和技术应用并举，一方面要强化基础研究和原始创新，通过模型创新、范式突破在新一代智能技术方面形成核心竞争力；另一方面也要加快推进现有智能技术的产业化，并力争借此路径演化形成我国的人工智能发展优势。

一是突破人工智能产业化核心关键技术。以新一代人工智能重大项目为核心，以科技创新 2030 和重点研发计划中的相关研发项目为支撑，构建“$1+N$”人工智能项目群，加强整体统筹，形成共性技术研发与领域应用型专项技术研发密切衔接、相互促进的人工智能技术研发体系。充分激发地方、企业、资本等各方积极性，引导社会多元投入支持人工智能产业化核心关键技术攻关。

二是加速人工智能与实体经济融合的场景探索。依托国家新一代人工智能创新发展试验区和新一代人工智能开放创新平台，推动人工智能和实体经济深度融合。选择基础较好的智能汽车、自主无人系统、智慧教育、智能医疗、智能安防等领域开展人工智能应用试点示范，探索人工智能与实体经济深度融合的典型做法、模式路径，形成可复制可推广的经验，使得成熟的人工智能技术能够尽快转化为生产力并惠及民生。

三是探索人工智能技术产业化政策创新。落实对人工智能中小企业和初创企业的财税优惠政策，促进人工智能技术转化落地和企业应用技术创新。完善数据开放与保护相关政策，开展公共数据开放利用改革试点，支持公众和企业依法依规开发公共数据的商业价值。建立有利于新技术、新产业发展的审慎包容的治理结构，破除影响创新产品进入市场的体制机制障碍，营造良好的创新环境，释放人工智能技术产业化创新创业活力。

四是加快人工智能复合型人才培养。适应人工智能领域交叉融合发展的典型特征，制定科学合理的人工智能创新人才分类分层培养体系。重视人工智能与能源、材料、生物、制造、空间等学科专业的跨学科教育，加快培养一大批贯通人工智能理论、方法、技术、产品与应用等的纵向复合型人才，以及掌握“人工智能+”细分行业专业知识的横向复合型人才。

当前我国信息技术存在的软肋

许　晔*

（中国科学技术发展战略研究院，北京）

信息技术是当今世界发展速度最快的高新技术，信息技术产业是经济增长的重要引擎。以量子信息、5G 等为代表的信息前沿技术，以及以智能感知、机器学习等为代表的智能化技术，正在引领着世界高技术发展的最前沿。

一、我国信息技术发展成绩有目共睹

在信息技术领域，当前我国的核心技术自主创新能力明显增强，发展成绩有目共睹。

一是基础技术和通用技术取得重大突破。我国集成电路制造技术进步显著，2019 年我国中芯国际正式实现了 14 nm 工艺制程的芯片量产，并即将对 12 nm 的工艺制程芯片进行试生产。在集成电路设计方面，我国华为推出了麒麟 990 5G 芯片，中科院也成功研发出了生产 2 nm 及以下芯片工艺所需要的新型晶体管——叠层垂直纳米环珊晶体管。搭载"中国芯"——申威 26010 处理器的"神威 · 太湖之光"在全球超级计算机 500 强中位列榜首。

二是前沿技术和颠覆性技术加快发展。首颗硬 X 射线空间探测卫星"慧眼"成功发射，"墨子号"量子卫星成功实现预定科学目标，量子保密通信"京沪干线"顺利贯通。我国 5G 技术发展已初步具备领先优势，2019 年 6 月 6 日，我国正式向中国电信、中国移动、中国联通、中国广电发放 5G 商用牌照。我国人工智能研发能力明显提升，发展速度居全球第一。

三是信息技术创新能力明显增强。我国在宽带移动通信、互联网应用、下一代互联网、三网融合、IPV6 和高速网络等技术研究和产业发展方面取得重大突破，催生了下一代广播电视网等战略新兴产业，支撑了三网融合国家战略，产生了华为、中兴、阿里巴巴、百度、腾讯等一批有技术研发实力、有产业化能力、有市场竞争力的企业。据国家知识产权局统计，2019 年我国国内发明专利授权量华为为 4510 件，居国内第 1 位；OPPO 为

* 作者简介：许晔，中国科学技术发展战略研究院科技预测与评价研究所研究员。

2614件，居国内第3位。

二、当前我国信息技术发展存在的软肋

我国信息技术发展虽然取得了一批举世瞩目的成绩，但现阶段仍然存在着诸多亟待突破的软肋。

1. 高端芯片

目前，我国芯片严重依赖进口，尤其是依赖美国市场。虽然我国是芯片需求大国，但芯片产值占全球比例却很低。相关研究显示，我国集成电路市场需求接近全球1/3，但产值却不足全球的7%，国产化率一直低于30%。我国芯片生产能力和生产水平，远远不能满足我国对芯片的巨大需求。我国尖端半导体工艺发展的能力还很不足，晶圆制造技术和世界领先水平至少相差2代。

5G芯片。5G芯片承担着运算和存储功能，是5G网络和终端的核心关键，当前我国面临的5G芯片研发和产业化挑战也十分严峻。我国迫切需要从国家层面加强对5G芯片研发薄弱环节的支持力度，推动5G芯片设计、制造及装备材料配套等基础技术发展。尤其是在芯片制造工艺等我国芯片研发的薄弱环节上，加大对5G基带、5G射频和BAW（体声波）滤波器等关键芯片技术和产品的研发布局力度。

桌面CPU。CPU是半导体产业技术最密集和最具战略价值的产品，从全球范围来看，国外CPU处于绝对优势的地位。通用CPU呈现出英特尔公司一家独大的局面，高端服务器CPU由IBM公司独占。当前，桌面CPU长期被英特尔和AMD等寡头公司高度垄断，多数发达国家放弃研发。我国CPU主要处于单位研发状态，目前也已掌握了通用CPU芯片的设计方法。在桌面CPU方面，我国从国家战略利益出发组织了攻关，但技术追赶与跨越难度大，且对技术复杂度和攻关难度认识不足，因此研发进展不大。

AI芯片。美国拥有英伟达、英特尔和谷歌等AI芯片巨头垄断公司。英伟达作为人工智能领域涉及面最广、市场份额最大的公司，专注于GPU和无人驾驶领域芯片，在全球GPU市场上占据70%的份额。英特尔作为全球最大计算机芯片制造商也在全方位布局AI芯片，其子公司Movidius在2017年推出视觉处理器芯片Myriad X等。目前，AI芯片主要以CPU、GPU、FPGA、ASIC为主，如英特尔AI芯片属于CPU，英伟达属于GPU，阿尔特拉属于FPGA，寒武纪和地平线属于ASIC。我国目前已涌现出华为、Imagination、瑞芯微、芯原、寒武纪和地平线等具竞争力的AI芯片研发企业，但是，由于我国在人工智能理论和算法上还缺少深厚的积累，深度学习框架也大多采用国外的开源框架，因此在AI芯片的研发上面临的难度也很大。

2. 光刻机

光刻机研发成本巨大，国际上长期被寡头公司高度垄断。目前，光刻机业界龙头老大是荷兰ASML公司。由于研发难度较大，因此多数发达国家放弃了对光刻机的研发。在半

导体设备制造方面，我国和西方差距最大的就是光刻机——由于光刻机研发资金需求大，门槛高，从事光刻机研发的企业也越来越少。光刻机研发最核心的光源是进口的，国外为了限制我国光刻机制造业发展，在核心零部件上限制向我国出口。我国从国家战略利益出发组织攻关，但技术追赶与跨越难度大，且对技术复杂度和攻关难度认识不足。同时，与光刻机相关的高端人才我国也十分缺乏。

3. 操作系统

操作系统是战略必争的基础软件。目前 Windows 在操作系统领域占据绝对龙头地位，其优势主要在于在 Windows 和 Intel 结成 Wintel 同盟后，提供了一个完整的生态系统，基于 Wintel 的开发软件数量也最多，因此保证了其用户群最为庞大。同时，由于其操作的便捷性等因素，用户对于 Windows 操作系统的习惯依赖性很强，很难进行转换。目前，全球 99% 的操作系统市场占有率排名前 3 位的分别为：Microsoft Windows、Mac OS X 和 Linux 操作系统。我国操作系统已经实现了从技术到产品的重大突破，形成了深度 Linux（Linux Deepin）、红旗 Linux（Red flag Linux）、银河麒麟（KylinOS）、中标普华 Linux 等操作系统产品，但目前仍主要处于跟踪模仿阶段，且面临国产操作系统成熟度壁垒。

4. 数据库管理系统

美国数据库产品在国家市场上处于绝对优势地位，代表厂商有 Oracle、IBM、Microsoft 等。常用的数据库管理系统软件包括：Oracle、MySQL、ACCESS、MS SQL Server。我国数据库产品形成了以人大金仓 KingbaseES、武汉达梦 DM、神舟软件 OSCAL 等为代表的自主版权数据库品牌，并在通用数据库指标上取得了一定成绩。数据库处理速度是衡量数据库的重要指标，主要以 TPC-C 和 TPC-H 来衡量，从指标上看我国数据库和大型通用数据库仍存在较大差距。

5. 未来网络体系结构

全球正在广泛采用的网络体系结构，是国际标准化组织（ISO）在 1979 年提出的开放系统互连（OSI-Open System Interconnection）的参考模型。从网络互连的角度看，网络体系结构的关键要素是协议和拓扑。TCP/IP 是用于计算机通信的一组协议，其是 20 世纪 70 年代中期美国国防部为 ARPANET 广域网开发的网络体系结构和协议标准，以其为基础组建的 Internet 是目前国际上规模最大的计算机网络，正因为 Internet 的广泛使用，也使得美国的 TCP/IP 成为全球事实上的网络互连标准。

在未来网络体系结构方面，随着当前互联网需求不断增加，原有体系架构在可扩展性、安全性、高性能、实时性、移动性等方面面临严峻挑战。因此，世界网络强国都积极开展多种网络体系架构的研究与试验。我国在相关研究方面与国外存在较大差距，我国在未来网络体系架构与核心机制研究等方面的研究上，整体仍处于跟踪研发状态，核心技术空心化仍未得到根本性改变，形成下一代网络自主技术体系和产业生态仍面临较大的挑战。

6. 高端路由器和交换机

长期以来，互联网路由器市场主要被思科、Juniper 等国际知名厂商垄断，这些厂商以数据设备起家，在互联网时代取得了领先地位。一段时期内，思科、Juniper在中国建立了完善的代理分销体系，并封锁了技术，国内厂商由于缺乏技术上的话语权，很难在路由器、交换机等市场上实现突破。

作为网络最核心的设备之一，高端核心路由器对于功能的复杂度和技术的先进性有着极高的要求，多年来为中国厂商进入该市场设立了较高的门槛。在高端路由器和交换机方面，我国起步较晚，尤其是在高端路由器和交换机的制造中，我国所占的市场份额较低，研发技术与国际领先水平仍然存在较大差距。为了掌握中国通信网络发展的主动权，在这个最基础、最核心的领域，近年来，随着IP网络的大发展及向下一代网络（NGN）方向的演进，我国华为、中兴等厂商在技术上逐步缩小同思科、Juniper等公司的差距。

7. 光电器件

光电器件的应用主要在光通信、光互连、光子信息处理、光计算、微波信号处理、光传感、量子通信、纳米操控等多个领域。目前，核心、高端光电子器件的相对落后，已成为制约我国光电子产业乃至整个信息产业发展的瓶颈，甚至严重影响国家信息安全。

在用于光通信的光电器件和芯片方面，我国在中低端产品、技术上与发达国家相当，但在高端产品和技术上则落后于发达国家。在光通信高端器件和芯片方面，我国目前和世界先进水平差距较大，我国缺乏高端核心技术，高端芯片和精密器材的设计和制造能力不足，高端器件和芯片主要依赖进口。产生这种局面的主要原因包括：技术起步较晚、科研经费投入不足、工艺装备基础设施缺乏，人才团队培养不足，国际上近几年把高端器件和芯片进行光电集成，并与高速ADC/DAC和DSP捆绑的多学科集成。

8. 传感器

在相当长的时期内，我国传感器产业化一直未能受到高度重视，与市场需求和作用不相适应，企业均处于小规模生产阶段，存在工艺老化、结构不合理等问题，缺乏产业化生产的基础条件。核心技术与产品停留在实验室或小批量生产的初级阶段，难以形成和产生规模经济效益。

我国传感器新品研制仍落后国外近10年，产业化水平落后10~15年。目前，我国敏感元件与传感器大约有60%依赖进口，核心芯片约80%以上依赖进口，物联网中使用的MEMS传感器几乎全部依赖进口。致使我国持续增长的庞大市场被国外长期控制与垄断，不仅造成经济利益的损失，而且对于国家政治、经济、军事等信息安全造成严重影响和威胁。

9. 系统安全

系统安全是所有信息安全技术中较为基础的技术。美国依然是当前信息安全技术发展水平最高的国家，全球几乎全部的信息安全技术都来源于美国，并且几乎所有的关键技术都处于领先地位。

一直以来，我国对应用类型的信息安全技术研究投入较多，而在系统安全类研究中投入不足。加之系统安全研究更为艰深，难以在短期内取得跨越式突破，使得我国在系统安全技术方面与世界先进国家相比一直差距较大。我国系统安全技术的落后直接影响了我国在应对信息技术发展方面的反应能力。新的计算技术出现，我国无法迅速进行信息安全技术跟进。系统安全技术的不足，已经影响到我国信息安全整体技术水平的发展，成为我国未来信息安全技术发展的瓶颈。

三、思考和建议

软肋问题是影响我国信息技术发展进程的关键问题，我们必须予以高度重视。对于已经存在的软肋，应逐个进行深入研究，从而进一步明晰哪些软肋是我国基础差但却是战略必争且也具备一定的发展基础、哪些是我国基础差但无论怎样努力都可能无法突破、哪些是我国研发投入不足、哪些是我国顶尖人才严重缺乏、哪些是我国必须通过开展国际合作才有可能突破等。

值得注意的是，从信息技术的长远发展来看，无论如何信息技术领域的基础研究，都是我国必须重视的关键问题。当前在我国信息技术的研发上，关注产业链应用层面、价值链低端层面的多，而关注产业链基础层面、价值链高端层面的研发和攻关相对较少，在很多难点问题上缺乏啃硬骨头的精神，这导致影响我国信息技术核心竞争力的软肋问题无法尽早解决。此外，信息技术产业生态形成问题、科技项目评价机制问题、基础研究的宽容失败问题等也亟待解决。

因此，当前迫切需要从国家层面厘清这些软肋形成的深层次原因，从而尽快完善突破信息技术软肋的有针对性的对策。

发达国家能源战略转型新格局及对我国能源战略转型的启示

韦东远*

（中国科学技术发展战略研究院，北京）

当前，全球能源领域正处于战略和结构的变革期，能源体系的低碳绿色演进、能源供需格局的深入调整、能源地缘政治环境的日趋复杂、应对气候变化履约的刚性约束、新一轮能源技术革命的兴起等不断衍化的发展趋势，促使21世纪新型能源开发利用方式、现代能源体系重塑等全球能源发展方向均发生新的变革。在全球能源危机与博弈、应对气候变化的大背景下，特别是《巴黎协定》的签署，“化石能源清洁化、低碳能源规模化、终端用能高效化、能源系统智能化、能源来源多元化及能源技术变革高深化”等已成为美国、欧盟和日本等发达国家和地区能源转型战略的核心内容。这些能源领域的深刻变化，对我国未来能源体系的重构、能源战略转型部署都将产生极为深远的影响。

一、发达国家的能源战略转型及创新策略变化，将影响到主要能源消费国能源供需及消费结构体系的重构

当前，美国、欧盟和日本等主要国家和地区，为应对地缘政治因素造成的中东能源供需紧张与日趋上涨的高油价带来的能源安全与风险，均将清洁能源技术的发展与利用视为新一轮科技革命和产业变革的突破口。同时，基于国际及国内经济形势的演化、本国能源结构特点，不断的、积极的、适时的调整并实施能源战略转型，不断拓展并开辟能源供需渠道，以重大计划及重大项目等方式引领、调动社会资源持续投入，优化变革能源科技创新体系以增强国家核心竞争力，进而不断推动未来能源发展由资源依赖型向科技创新驱动型转变。

* 作者简介：韦东远，中国科学技术发展战略研究院科技预测与评价研究所研究员。

（一）美国能源战略转型聚焦未来研发应用新机遇，力促能源由进口国向出口国转变，推动全球能源供需体系格局发生变革

21世纪以来，欧佩克、俄罗斯、墨西哥等能源输出国及地区原油的减产，以及中国、印度等发展中国家能源需求的迅速增长，使得能源供需贸易格局由欧洲、美洲向亚洲东移。美国以非常规页岩油气强势崛起为契机，清洁能源规模不断扩大、能源效率不断提升等特点，促使其由传统能源进口大国逐步转变为能源出口国。同时，美国政府通过制定《全面能源战略》及配套行动计划，设立先进能源研究计划署和能源创新中心等新型能源研发创新平台持续转型升级，从而使美国能源战略转型进一步影响到全球能源供需体系变迁。2015年9月，美国能源部发布新的《四年度能源技术评估报告》，政府对未来能源科技创新投入进行重点部署，聚焦“电力系统现代化、先进清洁发电技术、提高建筑能效、提高先进制造业能效、清洁燃料多元化、先进清洁交通系统及能源与水资源、材料、储能等领域交叉技术”等七大领域，试图赢得新的发展机遇。

（二）欧盟战略能源技术计划推进低碳能源体系转型，加速全球能源消费结构进一步向清洁化调整

为推进全球能源及相关产业的绿色转型，不断改变原有的能源消费结构体系，清洁能源大规模高效利用已成为不可逆转的潮流。欧盟已率先构建面向2020年、2030年和2050年各阶段可持续、前瞻性的能源气候战略框架。其中，2014年欧盟委员会实施能源联盟战略，全面提升能源体系抵御能源、气候及经济安全风险的能力，推进建立安全、可持续和有竞争力的低碳能源体系，大幅增加清洁能源在能源消费结构体系中的份额。2015年9月，公布升级版的战略能源技术计划（SET-Plan），将研究与创新置于低碳能源系统转型的核心，以应用为导向打造全价值链能源科技创新，围绕可再生能源、智能能源系统、能效和可持续交通等四大核心优先领域，以及碳捕集与封存、核能等两个特定领域，实施系列创新研究与创新优先行动，以带动欧盟能源产业转型及经济增长。据有关统计，2017年欧洲的清洁能源消费已占能源消费总量的47.8%，成为全球能源消费结构转型的引领区域。

（三）日本掌控能源产业链上游，压缩核能、推进可再生能源稳步发展，以适应全球新兴能源技术演进趋向

经历福岛核事故之后，全球对核能的发展与应用产生新的认知。欧洲一些国家明显减少核能在一次能源消费中的比重，日本能源战略重点也有所调整，高度重视发展能源产业链上游高端技术，制定新的《能源基本计划》，依靠对能源产业链的掌控逐步压缩核能，举政府之力加快发展可再生能源，以期望未来培育并创造新兴能源产业，进而不断调整能

源消费结构，减轻对外的高度依赖。2016 年 4 月，日本公布了面向 2030 年的《能源革新战略》，从政策改革和技术创新两个方面，确立节能挖潜、扩大清洁能源和构建新型能源供给体系等三大战略主题，以推进能源结构战略转型与升级，构建清洁能源与节能融合型新能源产业。同时，相继发布面向 2050 年的《能源环境技术创新战略》，旨在通过创新引领世界，确保其所开发的颠覆性能源技术广泛普及，力图实现构建新型能源系统的战略目标。

（四）全球能源投资总额持续下降，但是中国、印度等新兴经济体的能源投资显著影响全球能源投资格局

据国际能源署统计，2018 年全球能源投资总额达 1. 85 万亿美元，连续第 4 年下降，特别是电力行业投资降低最为明显。其中，煤电、水电和核电投资的下降超过了光伏发电投资的增长。但是 2018 年全球能效及煤炭、石油和天然气上游的投资呈现增长态势，电力行业继续成为吸引全球能源投资最多的领域。其中，电网和可再生能源赢得了强劲的投资。受益于太阳能光伏组件、风电机组价格降低及低成本影响，特别是全球光伏组件平均单位成本下降 15% 左右，因而促使一些地区可再生能源新项目加快发展并形成规模经济，带动了可再生能源市场投资规模的显著提升。同时，中国低碳电力供应、电网建设及能效不断提升，加之印度以可再生能源电力超过化石能电力的迅猛发展态势，使得新兴经济体可再生能源投资接近全球总量的 50%，进而显著影响到全球能源投资格局的演变。

二、新时期我国能源战略转型的机遇与挑战并存

新时期国家能源战略转型，既要考虑全球能源发展的大环境，又要取决于所属国的资源禀赋及经济社会发展需求。鉴于我国资源禀赋与美国、欧盟等诸多国家和地区的情况完全不同，同时面对国家能源安全、应对全球气候变化与节能减排、生态环境保护等多方面压力，特别是石油对外依存度再创新高，煤炭、天然气依存度有所攀升，因而我国未来能源战略转型必然充分考量全球能源供需结构与消费结构的深刻变化。

（一）一次能源消费结构不断优化，能源战略转型尚存较大空间

我国资源禀赋的特点是“富煤、贫油、少气”，煤炭一直占据国家一次能源消费主导，石油、天然气相对缺乏。据有关统计数据（表 1），21 世纪以来，我国能源消费结构长期以煤炭为主的局面稳中有降，2009 年的占比达到 71. 2% 的峰值，2018 年已经降至 58. 2%；石油消费稳中有升，核能、水电、可再生能源等的占比不断增加，能源消费结构不断优化，对能源战略转型形成较大的驱动力，为应对全球气候变化、推进节能减排、解决环境污染做出了卓有成效的贡献。

表 1　2003—2018 年中国一次能源消费结构占比情况

年份	煤炭	石油	天然气	核能	水电	可再生能源	能源消费总量（百万吨油当量）*
2003	69.3%	22.1%	2.4%	0.8%	5.3%	—	1204.2
2004	68.7%	22.4%	2.5%	0.8%	5.6%	—	1423.5
2005	69.9%	20.9%	2.6%	0.8%	5.7%	—	1566.7
2006	70.2%	20.4%	2.9%	0.7%	5.7%	—	1729.8
2007	70.5%	19.5%	3.4%	0.8%	5.9%	—	1862.8
2008	70.2%	18.8%	3.6%	0.8%	6.6%	—	2002.5
2009	71.2%	17.7%	3.7%	0.7%	6.4%	0.3%	2187.7
2010	70.5%	17.6%	4.0%	0.7%	6.7%	0.5%	2432.2
2011	70.4%	17.7%	4.5%	0.7%	6.0%	0.7%	2613.2
2012	68.5%	17.7%	4.7%	0.8%	7.1%	1.2%	2735.2
2013	67.5%	17.8%	5.1%	0.9%	7.2%	1.5%	2852.4
2014	66.0%	17.5%	5.6%	1.0%	8.1%	1.8%	2972.1
2015	63.7%	18.6%	5.9%	1.3%	8.5%	2.1%	3014.0
2016	62.0%	19.3%	5.9%	1.6%	8.6%	2.7%	3047.2
2017	60.4%	19.4%	6.6%	1.8%	8.3%	3.4%	3132.2
2018	58.2%	19.6%	7.4%	2.0%	8.3%	4.4%	3273.5

不过，从全球能源的供需与消费结构看，能源供需的重心已从大西洋盆地向亚太地区转移，全球一次能源消费结构已经形成煤炭、石油、天然气三大能源“三分天下”的格局（图 1a），煤炭、石油、天然气的消费占比各占 25% ~30%，核能、水电、可再生能源等各占 10% ~15%，形成相对比较合理的消费格局。相比较而言，当前我国以煤炭为主的能源消费结构（图 1b），约占据全球能源消费总量的 23.6%，已经成为全球能源消费大国。但是从整体而言，我国在能源战略转型中，各类型能源仍都具有较大的调整空间，必须走“高效、清洁、绿色、低碳”的路线，为能源消费结构战略转型创造机遇。

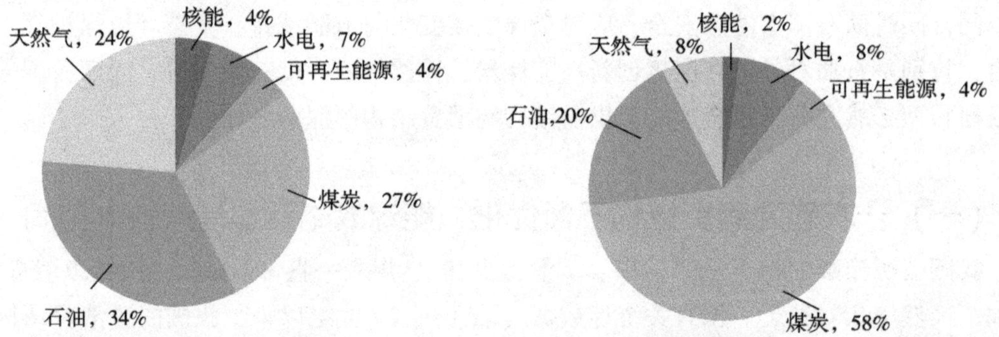

a　全球一次能源消费结构（13 865 百万吨油当量）　　b　中国一次能源消费结构（3273.5 百万吨油当量）

图 1　2018 年全球及中国一次能源消费结构占比情况

* 1 百万吨标准油相当于 1.4286 百万吨标准煤。

（二）煤炭消费增长势头趋缓，煤炭战略转型发展已初见成效

据有关统计数据显示，2018 年我国煤炭的消费增长稳中趋缓，消费总量约 36.8 亿吨，同比约增长 4.5%，约占我国一次能源消费总量的 58.2%（图 1b），较 2009 年的峰值水平显著降低，但仍约占全球煤炭消费总量的 50.6%，远远高于全球 27.2% 的平均水平。同时，我国煤炭的净进口量约达 2.76 亿吨，同比增长 5.2%，对外依存度约为 7.1%，可以说相对较低。可见，21 世纪以来，我国煤炭消费增长形势已明显趋缓，煤炭转型战略必须基于“安全、绿色、集约、高效”的原则，加快发展煤炭清洁开发利用技术，不断提高煤炭清洁高效开发利用水平。同时，着力转变煤炭消费方式，提高煤炭高效集约发电比例，进而推进煤炭消费的健康发展。

（三）石油对外依存度明显过高，导致国家能源安全风险加剧

据有关统计数据显示，2018 年我国一次能源消费中，石油的占比约为 19.6%，同比增幅出现了减缓趋势。不过，年度石油的表观消费量约达 6.48 亿吨，同比增长约为 7.0%，石油净进口量约达 4.60 亿吨，同比增长 10.0%，石油对外依存度约达 72.0%，导致多年来石油严重依赖进口的格局，对国家能源安全造成极大隐患，能源安全风险形势已迫在眉睫。一旦中东地缘政治突变，我国能源安全将面临巨大挑战。为此，石油转型战略应稳步提升国内石油产量，积极深化精准勘探开发，发展先进采油技术；推进近海、深远海油气勘探开发，突破深海采油技术和装备自主制造能力；积极发展煤基、生物基等石油替代品，从而不断提升国内石油供应能力。

（四）天然气增长趋势明显，发展与应用的潜力巨大

据有关统计显示，2018 年我国天然气表观消费量约达 2803 亿立方米，保持全球消费量的第 3 位，并呈现出较快的增长势头。其中，天然气净进口量约达 1200 亿立方米，增长幅度为 32.0%，明显呈现加快的增长势头，对外依存度已达 43.0%，但是气源 75% 左右来源于中亚地区，地缘政治对天然气供应的影响尚不严重。在我国一次能源消费中（图 1b），天然气的消费量约占 7.4%，尽管已经达到有史以来的最高值，但是与全球均值（23.9%）相比较，未来尚存在巨大的发展空间。为此，天然气发展须坚持陆地与海域并举、常规与非常规并重的原则，积极推进低品位、东部深层、海域深水及煤层气等的勘探、开采技术攻关，进而不断促进天然气储量产量快速增长。

（五）核能、水电、可再生能源的发展稳步推进，相关利用规模逐年递增

鉴于我国可再生能源资源比较丰富，未来的开发与利用面临良好的发展机遇。近些年来，随着核能、水电及可再生能源装机容量和发电量稳步跃进（图1b），我国连续多年已成为全球在建核反应堆最多的国家，核能在一次能源消费中已占2.0%。同时，我国作为全球水电能源最丰富的国家之一，在一次能源消费中已达8.3%。虽然风能、太阳能等可再生能源装机容量和发电量均稳居世界首位，但在一次能源消费中却仅占4.4%。相比较而言，核能、可再生能源的占比与全球平均水平尚存差距，仍然具有较好的发展空间。为此，未来应积极推进AP1000、CAP1400、高温气冷堆、快堆及后处理等核能技术攻关，建设大型先进压水堆、高温气冷堆等重大专项示范工程，安全地发展核电技术。按照“输出与就地消纳利用并重、集中式与分布式发展并举”的原则，大力推进可再生能源多元、高效利用，进而增进非化石能源消费的战略转型。

三、有关建议及举措

当前，尽管全球各国的发展理念、资源禀赋和制度背景不同，但主要发达国家均将能源技术创新、能源战略转型置于能源发展的核心位置。我国经济社会发展已进入全面建设小康社会的关键期，同时也步入了国家能源战略转型与升级的转折期。因此，在着力发展清洁能源，着力提升终端用能效率，着力构建新型智能化能源体系等能源系统集成层面，已成为能源战略转型与升级的核心内容。借鉴主要发达国家能源战略转型的经验，对我国能源战略转型提出如下建议。

（一）加强国家能源战略“顶层设计”，积极部署并实施科学性、前瞻性的能源战略转型策略

深入把握全球能源“绿色、低碳、智能、高效、多元”的发展趋势，结合我国经济社会重大战略需求，坚持“创新驱动、立足国内、节约优先、绿色低碳”的发展理念，积极、梯度部署面向2035年及2050年不同发展时段的中长期能源战略转型，将“不断增进能源自主保障能力、积极推动能源消费结构变革、优化能源消费结构、大力推进能源科技创新”作为能源战略转型核心，进而不断推进我国能源消费结构的优化升级。

（二）构建完善的能源技术创新与产业发展政策支撑体系，为能源战略转型提供科技与政策保障

基于我国能源产业发展的实际状况，在国家创新驱动环境下，构建现代能源技术创新

体系，突破化石能源清洁高效利用、油气资源开发与利用、安全核能、可再生能源、分布式能源和智慧能源网络等领域的核心关键制约，进一步健全和完善能源税费、投资、消费等的政策，比如探索建立绿色税收体系，推动制定绿色能源信贷激励政策，推进实行差别化能源价格政策，完善能源企业研发费用审计核算政策等，进而不断完善能源技术创新与政策支撑体系，为现代能源体系、现代能源产业体系的创建与发展提供坚实的保障。

（三）进一步深化国家能源体制机制改革、深化能源治理，创建相对优化的能源战略转型制度环境

在更好地发挥政府宏观指导作用的同时，充分发挥市场在资源配置中起到的决定性作用，进一步完善并建立统一开放、竞争有序的现代能源市场体系，分离自然垄断的能源业务和竞争性业务，促使竞争性的领域和环节逐步放开，进而推进能源供需与消费结构的转型；积极推进国内能源价格改革，建立有序、放开的竞争性机制，推动石油、天然气、电力等领域价格改革，促进销售价格、上网电价和销售电价等能源市场价格体系的不断形成；此外，不断增进国家能源治理，积极推进并健全能源法律法规体系建设，加快推动能源法制定，电力法、煤炭法等的修订，以及石油天然气管道保护、核电管理、能源储备等行政法规制定或修订，为能源体制机制改革营造良好的法律制度环境。

（四）以加强能源战略转型为契机、“一带一路”倡议为纽带，增进能源的多边合作与互联互通，构建新型能源供应体系

能源转型战略是一个系统工程，不仅需要国内全社会力量的广泛参与，也要积极推进与周边国家，乃至“一带一路”国家之间互联互通、精诚合作。为此，顺应全球能源供应的多极化、多元化的发展趋势，坚持“互惠互利、共同发展、多方共赢”的原则，增进能源领域的多边合作，加强与加拿大、巴西、委内瑞拉等能源大国的深度合作，探索新时代中美新型能源合作新模式，努力推进亚太能源体系一体化建设新步伐，进一步打造全球新型能源供需体系，进而为促进我国能源战略转型、保障经济社会的健康和可持续发展，提供安全稳定的能源支撑。

参考文献

[1] DOE. Quadrennial technology review 2015 [R/OL]. [2015-09-10]. http://www.energy.gov/sites/prod/files/2015/09/f26/Quadrennial-Technology-Review-2015.pdf.

[2] European Commission. Towards an integrated strategic energy technology (SET) plan: accelerating the European energy system transformation [R/OL]. [2015-09-15]. https://ec.europa.eu/energy/

sites/ener/files/documents/1_EN_ACT_part1_v8_0. pdf.

[3] 経済産業省.「エネルギー革新戦略を決定しました」[EB/OL],「エネルギー革新戦略（概要)」[EB/OL].[2016 - 4] http://www. meti. go. jp/press/2016/04/20160419002/20160419002. html. http://www. meti. go. jp/press/2016/04/20160419002/20160419002 - 1. pdf.

[4] 内閣府.「エネルギー・環境イノベーション戦略（案)」の概要 [EB/OL]. http://www8. cao. go. jp/cstp/siryo/haihui018/siryo1 - 1. pdf.

[5] BP statistical review of world energy 2019 [R/OL]. [2019 - 06 - 13]. http://www. bp. com.

[6] BP Statistical Review of World Energy 2018 [R/OL]. [2018 - 06 - 20]. http://www. bp. com.

[7] 国家统计局.2017 年国民经济和社会发展统计公报 [R/OL]. 北京：国家统计局, 2018. http://www. stats. gov. cn/tjsj/zxfb/201802/t20180228_1585631. html.

公共部门的数字化转型

Norwegian Board of Technology *

摘　要　转型是政治议程上的重中之重，而公共部门也并非对此置之不理。未来几年，慢性病患者增多、工作岗位相对减少等伴随的人口老龄化等问题开始冲击国内经济社会。与此同时，石油和天然气对财政的贡献将下降。因此，有必要考虑如何以新的方式来维持一个可持续的福利国家。新技术，特别是数字技术，正在改变一些关于我们能做什么及我们如何组织的重要假设。智能手机和平板电脑降低了我们能够做出贡献的门槛，而数据分析使个性化和预测服务成为可能。本研究所描述的公共部门的数字转型不是理论上的，也不是凭空产生的——我们使用了已经开始转变的领域的例子。在福利国家未来如何发展的问题上，新的机遇必须与我们的愿望相权衡。挪威作为福利国家已经拥有一个运转良好的体系，在普通民众中享有高度信任。这意味着，当我们站在数字十字路口时，我们还有很长的路要走。

关键词　公共部门；政府部分；智能化；信息技术；数字化转型；公众信任

1　需要改变

商业领域数字化转变有3个核心趋势：个性化、共享和参与及预测。在本研究中，挪威技术委员会探讨了这些趋势对公共部门的潜在影响，并预测了可能出现的挑战。

许多新的发展趋势使公共部门面临压力。石油部门的收入减少对就业和挪威经济构成挑战。人口老龄化导致劳动力减少，这给劳动密集型行业带来压力，如卫生部门。此外，私营部门福利水平的提高和持续的数字化也正在改变公民对公共服务的期望。

公众对公共服务的预期需求与公共部门提供服务的能力之间的差距将继续扩大。根据生产力委员会的计算，为了维持挪威今天的福利服务水平和组织，家庭税负将需要从现在的37%增加到2060年的65%左右。[①] 白皮书指出，从2030年起，即使将现有福利计划的扩展控制在一定限度内，公共支出的增长速度也会快于政府收入的增长速度。[②] 因此，挪威公共部门未来必须做出调整，继续解决福利问题，为公众提供优质的服务。

---

* 作者简介：Norwegain Board of Techology，挪威技术委员会。
翻译：黄红华（对外经济贸易大学）。感谢作者的翻译授权。

① Aftenposten，《挪威晚邮报》（2016）。

② 29号白皮书（2016—2017）。

1.1 公共部门的数字化转型

挪威在 ICT（信息与通信技术）发展的国际排名很高[①]，并且在欧洲委员会的评估中被评为技术成熟的国家。[②] 尽管如此，生产力委员会的第一份报告指出，通过采用现有技术，效率仍有很大的提升空间。

我们的邻国瑞典[③]和丹麦[④]目前正在采取措施重组和精简公共部门。英国[⑤]、澳大利亚[⑥]和新加坡[⑦]也雄心勃勃地制订了未来的计划。

公共部门的数字化是信息通信技术政策的首要任务，这一点通过“数字首选”[⑧] 便可看出。[⑨] 当民众借助一种简单的、基于网络的方式与公共行政部门取得联系，尤其是在线上填写和提交各种通知和申请表格时，这种趋势便更加显而易见。纳税申报是一个很好的例子，数字首选的的雄伟目标便是不断扩大这种趋势。[⑩]

未来几年的目标之一是为州和地方政府制定通用的解决方案。无论哪个公共机构负责提供服务，都有助于将用户的需求置于中心位置。[⑪]

技术可以简化现有流程，但当人们采用科技以全新的方式解决旧问题时，重要的变化就会应运而生。本研究探讨了这些机会，并讨论了它们将为当前的公共组织带来怎样的挑战。

1.2 科技驱动力

在过去 10 年中，我们目睹了 ICT 和数据分析从根本上改变了许多数据密集型企业这一事实。网上银行取代了各地支行，实体旅行社已经消失，变成了自助服务网站，股票经纪人已经被算法系统所取代。我们有充分的理由认为，在未来几年内，这一趋势将持续扩大、更加强劲。

①技术始终伴随着我们。通过互联网、智能手机和物联网，人们借助数字技术更加紧密地互联互通，而数字和物理世界之间的界限正在消除。我们一直在线，通过交换不同类型的数据，以新的方式相互沟通。

---

① 欧盟数字经济与社会指数及欧盟数字议程记分牌。
② 欧盟电子政务基准。
③ 绿皮书 2015：1 第 15 章 . 55，p300。
④ 挪威内阁办公室（2015 年）。
⑤ 挪威数字化局（2013 年）。
⑥ 内阁办公室（2011 年）。
⑦ 澳大利亚政府、财政部（2012 年，2015 年）。
⑧ 新加坡政府、新加坡资讯通信发展局。
⑨ 白皮书 27（2015—2016）。
⑩ 挪威公共管理和电子政务局（2014 年）。
⑪ 白皮书 27（2015—2016）。

②数据提供了对用户更深入的认识。公民及公共和私营企业生产的数据与日俱增。数据可用于更好地理解企业及用户的行为，从而帮助人们提供更个性化的服务。

③人工智能（AI）和机器学习：计算机系统以更廉价的计算能力和存储能力获得更强大的功能。此外，访问数字数据集为计算机系统开发学习功能打开了大门。计算机越来越善于管理新型数据和解决日益复杂的问题，如理解自然语言。

这种发展已经影响到了私营部门的服务发展。互联网经济主要是数据驱动的，一些世界上发展最快的公司，如 Uber（优步）和 Airbnb（爱彼迎），正在通过直接匹配供需挑战既定商业模式。这种互动性减少了对传统中介机构的需求。这些共同的技术趋势也有可能改变公共服务的设计和执行方式。

1.3 公共部门可能发生的 3 个变化

在本研究中，我们阐述了技术发展如何以 3 种基本方式改变公共服务。

①公民参与：智能手机和物联网等互动技术不仅使公民能够使用公共服务，而且还使他们成为服务设计和交付的积极参与者。例如，患有慢性疾病的人可以自己测量各项指标，从而获得更好的服务，同时减轻卫生服务部门的负担。

②个性化服务：新的公共数据能对每个公民形成更深入的认识，从而量身定制服务，满足每个公民的特定需求。例如，学校的智能教材可以为每个学生提供定制化教学和更密切的监控。

③预测机制：在公共机构中更广泛地使用数据分析，可使其在面对风险时更多采取预防措施而非临时反应和补救行动。例如，挪威税务局可以使用预测模型进行有针对性的检查，这些模型可以识别出高出错率的税务问题。

数字化和数据驱动的服务也提出了一些重要的问题：如果公民要自己为自己服务，他们还愿意支付这么多税款吗？算法是一种提供支持和选择的工具，还是对社会中个人或群体的一种藐视？我们能对机器的判断持多少保留意见？

我们将在每章末尾讨论公共部门数字化转变所面临的挑战。

2 公民参与

公民可以使用网络和智能手机进行自助服务。

2.1 科技大众化

挪威 89% 的人口拥有智能手机。[①] 这意味着大多数人都携带着一台连接到网络的强大

① MedieNorge（这个数字适用于 9～79 岁的人）。

计算机，并配有摄像头、GPS和运动传感器等设备。主要的移动终端提供商，如App Store和Google Play，使几乎所有人都可以开发利用智能手机技术的应用和服务。

这种发展使技术变得越来越便宜和便携。配合云服务的使用，这种技术使大多数人现在可以访问以前仅专业人员能够使用的技术和数据。这是重组公共服务方式一个极佳的机会。

2.2 所有人都能为公众服务

经济学家威廉·杰克·鲍莫尔（William J. Baumol）描述了生产率的快速增长导致经济分化为先进部门和停滞部门。① 在停滞部门，成本迅速上升，因为服务质量在很大程度上取决于不易被机器取代的人。许多福利国家最重要的服务，如教育、健康和社会关怀及警务，正在遭受这种所谓的成本负担。

鲍莫尔的核心论点是，工业和交通等先进部门增长的生产率可能为社会停滞部门提供资金。但他也指出了另一个缩小差距的重要思路——即将一些工作从提供者转移到用户。对于某些行业，可以为公民提供更好的服务，因为服务变得更加快捷。

IKEA（宜家）是这种类型的任务转移中的一个很好的例子，客户自己在仓库中找到货物，将货物带到收银台，打包带回家，最后组装家具。产品价格保持在较低水平，因为客户自己完成了部分工作。网上银行是任务转移的另一个例子，原来客户需要花时间亲自前往银行柜台办理业务，有了互联网和新技术，客户能够在家中完成大部分业务办理。

公共服务可以被视为一种交易，公民接受服务，作为支付税费的回报。在这种模式中，公民或多或少是被动接受公共服务机构提供的现成服务。

数字技术使我们现在可以换一种思路，即公民积极参与设计和执行其所享用的公共服务。互联网和个人电脑的普及使得在线百科全书维基百科消除了服务提供者和消费者之间的区别。同样，智能手机、平板电脑和其他数字工具的普及使公民成为公共服务的共同生产者。

2.3 健康：移动健康技术

挪威人口较多，人们的寿命延长，许多人患有慢性病。到2060年，如果保留现有的组织，我们的健康和社会保健部门所需的全职服务人员数量将翻倍。② 这使我们有必要重新考虑挪威的卫生服务组织，以及如何实现卫生部门资源利用效率最大化。

在开发智能手机的同时，各种传感器和仪器也被开发出来，用于测量血压、血糖或心电图等参数。与以前相比，这类设备变得更便宜，也更易于使用。

---

① Baumol W. J. (2012).

② Holmøy E., Kjelvik J. (2013).

移动健康技术提供了一个机会，将某些类型的服务转移给公民自身。首先，自助检测可以取代目前在全科医生（GP）诊疗室中采取的常规检测。[①] 自助检测并不新鲜，糖尿病患者就是多年来一直采取这种自助检测方式的一类患者群体。但是，通过新技术，更多人和许多不同类型的疾病，如心脏病和慢性阻塞性肺病（COPD）患者可以进行自助检测。[②]

患有慢性疾病且在与医生达成协议后进行自助检测的患者可以由医疗专家网络监控，作为整体治疗计划的一部分。这将加强疾病防治能力和日常生活中的安全感，并减少看病时花在路上的时间和排队等候的时间。医疗保健专家可以通过发布激励报告来跟进患者，或者在病情异常时安排诊疗。根据具体情况，可以通过电话、网络聊天、视频或面对面的方式进行诊疗。

其次，诊断性自助检测可以减少不必要的查询，从而节省时间并减轻健康部门的负担。医疗保健部门在数字化过程中的首要任务，即在公众使用应用程序进行自助健康检测并接收检测数据后，为其提供后续建议。

一个例子是 Babylon Health 移动应用程序，其在英国和爱尔兰拥有 250 000 名用户。[③] 该应用程序询问有关病症和用户自助检测的健康信息的问题。如果其检测到疾病的风险，则向用户提供医生在线咨询服务，或者更多自助检测服务，以得出最终诊断结论。[④]该应用程序现在正在伦敦郊区的两个 GP 诊疗室中进行测试。

换句话说，移动医疗技术可以通过以下方式简化健康和社会护理服务的组织结构。[⑤]

①用户减轻了公共服务的压力。根据挪威处方数据库显示，2016 年挪威约有 100 万人接受心血管疾病治疗，这些人通常每年会与医生见面 3 ~ 4 次，检查血压、体重和心率。患者自助检测本身可以为医疗服务部门节省大量成本，因为 GP 访问次数大大减少。减少看病时花在路上和排队等候的时间，获得更加及时的治疗，同时也可以提高患者的生活质量。

②减少去医院的次数和时间。一段时间内，患者在家里频繁检测健康指标，而非在 GP 诊疗室中进行一次性检测，能够获取更完整的健康状况信息。进行自助健康检测的患者群体去医院的次数越来越少，在医院待的时间也越来越短。[⑥]

③卫生和社会护理服务中的任务转移。自助检测的后续服务可以由患者医生以外的人提供，从而释放 GP 资源用于其他任务。药房、医院、全科医生诊所及地方机构中提供护

---

① 挪威技术委员会（2016 年）。

② 挪威技术委员会（2015 年），https：//teknologiradet. no/velferd-skole-og-helse/20 – mobile-helselosninger-du-kan-ta-i-bruk-na.

③ http：//www. babylonhealth. com/.

④ Forbes（2015）.

⑤ 进一步推理为什么移动技术是最有前途的医疗服务创新平台，参见 Jonathan Skinner 的医疗保健技术的成本悖论，《麻省理工学院技术评论》，2013 年 9 月。

⑥ Martin I. L.（2013）.

理服务的员工将发挥重要作用。这种类型的任务转移也符合“Samhandlingreformen's”[①] 的目标，即将让服务离人们更近。

奥斯陆市4个人口不同的地区（St. Hanshaugen，Gamle Oslo，Grünerløkka 和 Sagene）正在参与“关注福利”项目，该项目由国家社会护理服务福利技术发展和实施计划资助。从2014年开始，4个地区的健康和社会护理服务改变了其工作程序和工作方式，以帮助用户更好地解决生活中的健康问题，并将护理人员从繁忙的日常工作中解放出来。

肺功能自助检测、提醒患者服药的自动药丸分配器和安全警报等福利技术是该项目的核心。

对该项目的评估显示，家庭服务访问次数减少了34%，每个用户花费的时间减少了59%。[②]在专家服务中，入院次数减少了19%，住院天数减少了33%。通过访谈得知，用户及其亲属安全感提升，对疾病的应对能力提高。同时，技术必须根据用户不断变化的需要进行维护和调整，并融入全面的健康和社会护理服务，以达到预期的效果。

根据St. Hanshaugen区的统计数据，50个自动药丸分配器，150个电子锁和20个肺活量计每周将取代约180小时的家庭服务，这意味着每年将节省560万挪威克朗。[③]

2.4 应急服务：和公众的新型互动

民众通常是事故现场或犯罪行为的第一见证人。人们可以使用智能手机发布文本信息、图像、视频和音频记录，提供精确的时间和位置信息。这些信息至关重要，特别是在紧急服务到达之前。例如，通过事件现场的视频，紧急服务组织可以了解现场的实际情况，这在几年之前是无从想象的。[④]

位于Sør－Trøndelag县的110和113紧急响应中心正在使用一个应用程序（Smart Help），使人们更容易联系到紧急医疗电话热线，使救护车或消防服务更容易定位到没有精确地址信息的交通事故。[⑤] SmartHelp这一应用程序是与特隆赫姆的圣奥拉夫斯医院合作开发的，通过这一应用，公众可提供重要的附加信息，以提供紧急服务。

①手机上的GPS允许113操作员立即在地图上找到用户的精确位置。

②通过语音或使用简单符号来解释现场情况

③在通话期间，用户可以自动发送关于自己的重要信息，如姓名、过敏情况、医疗情况。

---

① “Samhandlingreform”的目的是通过减少等待治疗或康复的“被动”患者的资源来提高健康和社会护理服务的效率，并更积极地预防疾病，抑制生活方式疾病的增加并促进公众健康。

② Intro International 和奥斯陆建筑与设计学院（2016年）。

③ Aftenposten（2016）.

④ 挪威技术委员会（2014年）。

⑤ https：//www. smarthelp. no/，也可参见 http：//teknologiradet. no/sikkerhet-og-personvern/apenhet-og-sikkerhet/en-nod-app-som-kan-redde-liv/。

Facebook 的“安全检查”是在危机和紧急情况下使用智能手机的另一个例子。紧急服务部门在紧急情况下的一个重要任务是了解失踪或受伤的人的总体情况。通过“安全检查”，人们可以让他们的家人和朋友知道自己没有受伤，处于安全状况，从而减轻了紧急服务部门的工作压力。[①]

波士顿马拉松：动员社区进行调查

2013 年 4 月波士顿马拉松期间发生炸弹袭击事件后，美国联邦调查局（FBI）和波士顿警察局启动了一项调查程序，该程序部分基于众包，公众提供了大量的数字信息。袭击发生后，警方立即收到了超过 2000 次举报。公共和私人监控摄像机拍到的数以千计的图片和视频与公众手机拍到的照片汇集在一起，帮助警方制作出一幅案件拼图，多角度、全方位地提供了事件现场和周边地区的清晰的图像。警方认为这种帮助非常宝贵。[②]

2.5 当局：共享经济中的协调

智能手机、互联网和社交媒体使得与他人交流变得容易，并且可以利用社会中的可用资源来协调需求。

除了一些满足民众自身需求的自助服务之外，如自助健康检查，新兴的共享经济体表明也可以通过满足其他人的需求为公共服务做出贡献。[③] 例如，英国的砂锅俱乐部将喜欢制作食物的人与没有机会或能力自己制作食物的老年人联系起来。[④] 近年来共享经济的发展表明人们都愿意提供他们的资源并从他人那里获得资源。

在伦敦，救护车服务已将 GoodSAM（Good Smartphone Activated Medics）应用程序纳入其紧急服务中。拥有急救专长的人可以在应用程序中注册为志愿者。当紧急服务部门接到求助电话时，会向附近的志愿者发送一条消息，以便他们在救护车到达之前开始进行急救。若其附近出现任何心脏骤停的意外情形，登记志愿者也会收到相关消息。[⑤]

时间银行是另一种服务平台。这种现象近年来迅速发展，因为数字化使得组织这种服务变得更加容易。[⑥] TimeRepublik 是时间银行的一个例子，用以协调私人服务交换。[⑦] 例如，可以使用网络将一个养老金领取者与一个在数学作业上需要辅导的学生联系起来，老人为学生辅导数学作业，作为回报，她/他将获得“时间点”，可以从网络中的其他人那里获得服务。在挪威，如 TimeRepubik 在奥斯陆的 Tøyen 就有一家当地时间银行。[⑧]

英格兰和西班牙的经验表明，时间银行可以作为公共服务的支持系统。通过将公共服

---

① Brookings Institution (2016).

② 与波士顿警察局的谈话。

③ 挪威技术委员会（2015 年）。

④ https://www.casseroleclub.com.

⑤ 伦敦救护车服务（2015 年）。

⑥ 欧盟委员会联合研究中心（2014 年）。

⑦ https://timerepublik.com/.

⑧ Dagsavisen (2016).

务扩展到当地社区，公民自身变得更加活跃，当地社区服务也会更加健全。服务的例子可能是为刚出院的老年人提供援助，帮助流浪者融入当地社区或采取社会措施帮助独居者缓解孤独。[①]

从长远来看，在共享经济和时间银行中建立的系统进一步发展，既可以补充当前的公共服务，也可以使公民更加积极，更多地参与当地社区生活。地方政府可以成为数字协调员，让民众了解哪些服务存在，而不必自己提供所有服务。[②]

2017 年 2 月，共享经济委员会的大多数成员提议解除出租车行业的许可义务，从而开放政策，让优步等共享经济参与者在挪威成立起来。[③] 这将使那些希望兼职做司机的人如愿以偿，也意味着提供 24 小时连续全年服务的义务不再适用。对客运市场放松管制是政府向公民转移需求的一个例子，例如，对那些希望随时或当他人有需求时提供服务的人。

2.6 参与会导致新型的不平等吗?

挪威福利国家的基础是公民通过纳税申报支付公共服务。而民众越来越多地参与服务配置可能会挑战这一原则：如果民众自己提供服务的情况越来越多，这必然会导致不平等。那些选择自行提供服务的人与那些选择不亲身参与服务的人将获得不同的服务。

对许多人来说，将会参与可能提高服务质量。在自助检测健康指标时，你不必与医生的诊疗室沟通协调，这会花费时间。此外，自己更频繁地检测比偶尔去医生那检测几次效果更佳。

政府面临的一个重要问题是，这种参与应该是一项义务，还是那些想要参与的人的自愿行为。虽然民众中的一些团体欢迎这样的计划，但不是每个人都能够或希望积极参与这种服务。如果后者接受的服务质量与那些参与程度更高的人接受的服务质量不同，是否可接受?

如果地方政府越来越多地协调服务而不是提供服务，这也可能导致提供服务的地域差异。例如，如果地方政府不再基于需求提供出租车服务，那么在该国人口稀少的地区，服务力度可能就会减弱——提供的服务根本不足以应对服务需求。

3 个性化服务

Amazon（亚马逊）和 Netflix（网飞）根据我们自己和他人的行为模式为我们提供建议。公共部门现在获取的关于我们和我们的生活状况的数据越来越多，他们也可以做同样的事情。

---

① 欧盟委员会联合研究中心（2014 年）。

② NESTA（2016）.

③ 绿皮书 2017。

公共部门由许多不同的实体组成，这些实体在工作和与公众的互动中产生越来越多的数据。这意味着公共部门坐拥大量数据，这些数据有的关于他们提供的服务，有的关于享用这些服务的公民，无论是在健康和教育领域，还是在 Altinn 内的自助服务解决方案。[①] 数字首选，这一趋势将很有可能不断扩大和变强。

公共服务正在变得数字化。简单看一下互联网经济中的主要参与者，公共部门便能获得一些启示，该如何利用民众的用户数据来定制服务，以适应公民的生活状况，满足其需求。

3.1　和你类似的人

个性化这一概念给人的印象是其涉及个人或私人定制，而其现实中其实是一种高级分组。传统意义上，例如在市场营销中，基于性别、年龄或地理区域划分目标群体是很常见的。随着服务逐渐数字化并且每个人的信息量增加，可以根据一些标准来定义较小的群体，这些标准更加个人化，与生活方式、文化偏好、社交网络或消费模式等联系更密切。

随着新的在线数字服务的出现，一些力求使每项服务更贴合用户需求的新技术加快发展。

例如，亚马逊和 Netflix 使用不同的算法分析客户的历史购买模式和他们所提供产品的数据。算法将产品和客户细分为较小的子组。系统通过查看与你已购买产品风格和内容相似的产品，或者和你相似的其他客户已购买的产品，为你提供“个性化”建议。Facebook 使用类似的技术来管理和定制你需要的新闻，并在在线广告市场中根据你的互联网历史搜索记录为你提供广告。

从批量生产到定制服务。公共服务的基础是所有公民都可以获得相同服务。但是，一味增加服务资源很少能带来更高效的服务，因为民众各不相同并且有不同的需求和愿望。更加个性化和有针对性的服务可以消除过度服务带来的高昂成本，同时确保每个人都能获得所需的服务。无论民众掌握多少信息，或者他们搜索和理解信息的能力如何，都应该这么做。

据推测，这一发展将首先体现在数字信息的收集和交付中。例如，针对新手父母的相关福利计划的个性化指南，或者是提交给新生或刚刚获得有效医疗证明的人的完整表格等。

大多数挪威人每年收到的预先填好的纳税申报表是政府使用已有数据为公民提供更加便捷和优质的服务的一个很好的例子。

奥斯陆市政府在 2017 年的预算中就这种解决方案制定了目标。例如，市政府希望新手父母停止申请托儿所。相反，当他们的孩子到了该上托儿所的年龄时，市政府会自动向

---

① Altinn 是商业/工业部门、公民和政府机构之间电子对话的门户网站。

他们推荐2~3个有空余名额的托儿所。①

3.2 学校：包容和定制化教育

多年来，挪威学校一直将发展数字技术视作优先领域。挪威在基础设施方面投入了大量资金，学校的个人电脑覆盖率很高。但是，这些措施本身并不足以提升学习成果。

为有需要的学生提供频繁反馈和定制教育，可能提高教学质量，并帮助更多的学生完成中学和后续教育。就像亚马逊推荐他们认为用户会喜欢的书籍一样，智能学习材料可以为个别学生提供适当难度的学习任务。② 针对学生的成绩水平、学习时间和进步情况进行数据收集，在此基础上创建一个学习途径，帮助学生顺利通过课程的各阶段内容。

当这些数据与有关学生私生活和爱好的信息一起使用时，就能为个人定制教学提供良好的机会，并能预测学生未来将如何发展。数字教学材料和更智能的数据使用可以促进更好的学习监控，并提醒有可能落后的学生。

（1）挪威的定制化数学教育

挪威开发的数学项目Kikora根据学生成绩水平提供差异化学习任务，如果他们在学习过程中犯了错误，可以收到持续的反馈和提示。教师节省了批改和纠错的时间，对每个学生所处的水平、他们遇到的难点、花费的学习时间、已经解决了多少任务，以及看过多少建议方案，教师都能有详细的信息。因此，教师可以利用这些信息因材施教。2014年，Kikora报告显示有110 000名挪威学生正在使用该计划。③

智能数字教材和个性化教育将提高学生应对学校生活的能力和教师理解个别学生需求的能力。④

①智能教材持续为教师提供学生和班级的成绩水平及进步情况的相关信息。这为每个学生提供了定制教学的机会，有助于提高每个学生的学习成绩。

②通过不断衡量学生的进步情况，教师可以轻松获取通过评估和全国测试检索到的信息。如果可以通过数据收集和分析持续进行评估，这将使教师有更多时间以其他方式监管学生。

③通过实时跟踪学生的进展，你还可以持续获知哪种教学方法和教学资源最有效。这可以帮助教师以最适合自己班级和学生的方式设计教学方案。

（2）百万数据点

亚利桑那州立大学（ASU）使用教学工具Knewton来提高其一年级学生的数学水平。Knewton是一个教学平台，可以在一天内收集每个学生的5000~1000万个数据点。⑤ 数据

---

① Digi. no (2016).

② Bulger (2016).

③ Fædrelandsvennen (2014).

④ 挪威技术委员会（2012年）。

⑤ 《教育周刊》（2014年）。

点用于为学生定制教学。以前，ASU 有多达 1/3 的学生成绩低于 C，事实证明，这是一个明确的指标，表明他们会在课程后期退学。在适应性教学的帮助下，获得 64% ~75% 成绩的学生比例增加，辍学人数减少了一半。①

在挪威，出版商 Gyldendal 与 Knewton 建立了合作伙伴关系，并在一项名为“智能学习”的教学计划中使用了 Knewton 公司的技术。②

3.3 就业中心：个性化措施

在德国，Bundesagentur für Arbeit（联邦就业服务）开发了个性化服务，以提高其服务质量。联邦就业服务局分析了有关用户的历史数据，他们的失业经历，为帮助求职者找到工作采取了哪些措施，这些措施取得了哪些成果及找到一份合适的工作需要多长时间。目标是根据求职者的知识水平和需求定制救助方案，提出建议、措施并安置工作。

3 年内，这项分析连同其他措施，帮助人们每年节省了 1000 万欧元的成本。与此同时，求职者能更快地找到工作，对他们获得的服务满意度更高。③

法国 Pôlemployi（政府就业中心）与数据管理公司 Bayes Impact 建立了合作伙伴关系，Bayes Impact 开发了一种数字工具，帮助求职者找到工作。④ 该公司可以访问过去很少使用的大型公共数据集。该数据用于分析劳动力市场，并为求职者提出个性化的建议。他们希望这项措施能够将失业率降低 10%。

个性化在某种程度上是服务需求测试的一种形式。在许多情况下，其将是自动化的，政府可以积极提供适应民众生活状况的服务，而接收服务的人不必自己采取积极行动。就业中心的例子表明，通过精准服务，福利国家的个性化服务如何在实践中发挥作用。在围绕广泛的普遍利益建立的福利模式中，个性化福利及社会保障等的转移将更具争议性。

个性化信息

挪威移民局在其网站上采用基本的个性化信息，以更好地提供有关救济院、家庭团聚和居留许可的准确信息。进入移民局网站时，系统会问你一些用于筛选信息的具体问题。在挪威获得工作许可证的规则因申请人所在的国家而异。通过询问有关公民身份的问题，可以立即提供个性化信息，用户无须查看大量的一般性信息即可找到适用于他/她的内容。⑤

3.4 福利国家：推动行为的改变

有时候，小小的推动力可以帮助我们改变习惯和行为。数字工具使这变得更容易，个

① Mayer-Schönberger V., Cukier K.（2014）.

② Knewton（2014）.

③ 麦肯锡全球研究院（2011 年）。

④ https://www.bob-emploi.fr/.

⑤ Episerver（2016）.

性化可以使这种沟通更具目标性。向人们发送一条私人信息远比一般的态度动员来得有效。

挪威的乳房 X 线照相术项目表明，在公共领域已经实现与公民的直接接触和简单的个性化。到 50 岁之后，所有女性都被邀请参加乳房 X 光检查以降低乳腺癌死亡率。

过去，健康检查仅仅是基于性别和年龄等基本人口统计参数信息，现在，电子病历将提供更丰富的信息。例如，可以根据患者的病史为患病风险增加的患者提供个性化的健康检查。

在美国，已经部署了数字消息推送功能，例如，为防止辍学，学生可以收到个性化的信息，如关于奖学金申请截止日期的提醒。①

这种推送消息是清晰简洁的通信信息。在其他时候，这种推动可能更为微妙。

"助推"是指利用行为心理学来影响公民以预期方式行事。理查德·泰勒和卡斯·桑斯坦在 2008 年出版了一本名为《助推：健康、财富和幸福的更优决策》的书，此后"助推"这一概念引发人们的关注。他们在书中声称，替代方案的呈现方式会按预期的方向影响我们的选择。如果健康食品放在自助餐厅中的显眼位置，而不健康食品放在不那么明显的位置，可以想象更多人会选择健康食品。这里没有任何禁令或明确要求，如"吃得更健康！"的海报。人们仍然可以完全自由地选择他们想要吃的东西，但是却有一个小的推动力将他们推向健康食品。②

此后，一些国家试图在其政策机制中增加"助推理论"。例如，2010 年，英国的卡梅伦政府成立了"行为洞察团队"。该团队也被称为"助推团队"，正在积极寻找可使用助推来提高公共服务及措施的准确性和效率的领域。澳大利亚、丹麦、新加坡和美国政府也采取了同样的政策。

根据英国行为洞察团队的观点，如果你想改变公民的行为，你应该让选择更加简单、有吸引力、社交化和准时。③ 通过数字化，公共部门有机会做到这一点。④ 一个极佳的例子是，如果人们没有修改报税表，报税表将自动交付——对人们来说，在正确的时间执行任务变得更加容易。

另一种可以激励公民改变行为的方法是从游戏世界中找到的灵感。游戏化使用各种技术来激励人们遵循期望的行动方案。

Recyclebank⑤ 就是一个例子。该公司与当地机构合作，以激励民众对废物回收利用。在新技术的支持下，他们记录了回收的废物量及哪些家庭表现最佳。民众慢慢积累积分，在购买一些当地供应商提供的商品和服务时可以凭借积分获得折扣。同样，相信该技术可

① 《纽约时报》（2015 年）。

② Thaler R. , Sundstein C. (2008).

③ http://www.behaviouralinsights.co.uk.

④ 政策交流（2015 年）。

⑤ https://www.recyclebank.com/.

以帮助学生通过学校课程或帮助患者完成节食、锻炼或康复计划。让人们改变行为的另一个众所周知的技巧是将一个公民的行为与其他公民的行为进行比较。例如，在新加坡，人力部发现，将雇主供款的提醒印在粉红色的纸上，并附上简短声明，“96%的雇主按时支付款项”，比传统的提醒方式增效3% ~5%。[①]

今天，这种比较是普遍存在的，但新的数据和网络分析使公民可以更容易地与较小的群体进行比较。亚马逊根据用户的实际购买模式和其他类似客户的购买模式向用户提供建议，类似的，政府可以根据类似人群的信息向公民提供个性化的“轻推提示”。

数字技术使政府有机会推动并影响我们做出不同选择，以及按照预期方向改变我们的行为。随着时间的推移，日常生活中诸如此类的微小调整积少成多，从而能节省大笔公共资金。

3.5 会无意识地进行差别治疗吗?

数字个性化意味着公民被分隔成不同的统计群体，这些群体具有共同的特征，如“30 ~35岁的女性”“患有X疾病的患者”“有阅读和写作障碍的父母和监护人”“来自索马里的第二代移民”。

个性化背后的技术也会助长文化陈词滥调和刻板印象的数字化。即使分析过程无意于性别、种族、宗教等方面的歧视，收入或居住地等变量也可能在无意中造成歧视。[②] 因此，无法接受的歧视可能成为分析的难点。[③]

美国的研究表明，和搜索典型的白人姓名如“杰弗里”相比，搜索典型非裔美国人姓名（如“杰梅因”），包含“逮捕”一词的网络广告更常显示在搜索结果中。[④] 根据白宫的报告，该例子表明，在为公民提供服务和机会时，“完美的个性化”往往会导致意外或隐藏的歧视。有益的个性化和有害的差别待遇和歧视之间的界限在哪里？[⑤]

错误方向的推动？

虽然公众对什么是好的、坏的、健康的或不健康的行为有强烈的见解，但这并不是基于一个单一的、明确的定义。此外，使公共服务更有效的行为对个人来说不总是或不总认为是最好的。福利国家面临的挑战往往是庞大而复杂的，难以预测选择的后果 ，如在一个方向上助推会导致截然相反的不良后果吗？我们认为，与民众自身相比，董事会中的官员和专家能够更好地评估什么是正确的行为及什么对个人来说是最好的选择，这是否合理？有益的助推和家长式的监护之间的界限在哪里？

与公开的公众意识活动相比，行为心理学和助推理论更为微妙的应用会被批评为无形

---

① 总理办公室（2014年）。

② Goodman B. , Flaxman S.（2016）.

③ The Atlantic（2015）.

④ 白宫（2014年）。

⑤ 《哈佛商业评论》（2014年）。

操纵。[①]政府并非为民众提供有分量的信息并让他们做出独立的、理智的选择，相反，他们提前就把所谓的“正确选择”定义好，民众没有机会做出除此之外的选择，机会之窗就此关闭。[②] 当政府收到关于每个公民的大量数据时，便可用这些数据进行个性化助推，如此一来，上述趋势便会加强。[③]

因此，如果挪威公共部门要使用数字助推，就必须有明确的道德准则和约束，还需要设计一种机制，对公民公开透明，对活动进行民主监督。

4 预测机制

事前预防往往胜于事后救治。通过预测分析，公共部门可以在问题出现之前获取新的工具来避免问题发生或制定相关计划。

公共实体提供广泛的服务，服务从公民出生开始到公民死亡结束。这些服务将为所有公民创造一个生活条件良好的安全社会。

一些社会问题也许会随着时间的推移加剧，往往会变得更难处理，而且处理起来会更加耗费资源——无论是糖尿病这样的常见疾病、辍学、工作能力丧失还是犯罪问题都是如此。如果及早发现风险信号，更容易采取措施避免或改变不良的发展趋势。

有针对性、有效的预防将有助于创造新的机会并改善人们的生活质量。对于国家而言，长期预防往往比修复已经发生的损害和问题成本更低，耗费资源更少。但是，针对性预防的前提是提早发现风险因素并采取适当的应对措施。在这里，新型数据分析方式可以提供帮助。

4.1 预测分析

数字化、更便宜的计算功能和大型数据集可用于全面、准确地认识公共资源分配方式。预测分析技术可以揭示不同因素之间的复杂关系，分析出什么地方的需求可能是最大的，并有助于更好地理解什么样的措施才是最有效的。

这些模型给定不同因素，试图量化这些因素与未来某一未知数量之间的联系。例如，将饮食习惯、运动和遗传等不同因素纳入考虑，某人患糖尿病的风险有多大。模型还能基于与历史数据的各种相似特征将新的量化指标分类。例如，通过分析某患者数据与以前患者历史数据的相似性特征，评估其二次入院的风险。

在私营部门的某些领域，这种预测分析方法已经使用了很长时间。

①银行业使用数据分析来评估贷款申请人是否能够偿还贷款。通过查看个人收入、工

① Evans N.（2012）.
② Farell H. , Shalizi C.（2011）.
③ 《美国科学》（2017 年）。

作类型、年龄、以前的信用记录等因素，银行可以将申请人与之前的类似申请人进行比较，从而计算申请人的违约风险。

②零售业使用数据分析来预测各种客户最感兴趣的产品。连锁店沃尔玛已经使用数据分析来预测人们在有极端天气预报时会购买哪些产品，这样他们就可以提前采购这些产品。①

③客户项目使用数据分析来预测哪些客户会流失，转向竞争对手。移动电话公司Telenor使用预测分析来识别那些可能转向竞争对手订阅电话业务的高风险客户，以便他们能够提前还价。②

当公共服务数字化时，公共实体获得有关公民及其享用的服务的数据越来越多。与此同时，许多公共实体已经拥有大量可用于预测分析的历史数据。

一些公共实体表达了加强预防性工作的决心。2009年，斯托尔滕贝格政府发起了一项专注预防的战略举措，即“加强、更新和改善社会福利”。③

尽管如此，通常很难将资源从事后应对活动转移到事前预防活动，因为不知道这些措施的效果如何。效果可能难以衡量，因为投资者不能获得直接收益，成效往往见于他处。④

在这里，预测分析可以推动预防措施的实施，如通过为公共实体提供应对未来挑战的基础、针对性资源利用简化服务、就如何选择合理措施提出建议。⑤

4.2 税和火：目标控制

当可以预测到什么地方错误或缺陷出现的风险最大时，更容易促进目标控制。

每年纽约市的消防部门都会检查超过25 000幢建筑物，他们怀疑这些建筑物有严重缺陷，应出于消防安全原因予以补救。为了使这种检查更有效，纽约市消防局（NYFD）已经分析了有关该城市建筑存量和火灾风险因素的各种类型的数据。

分析的结果是风险最大的建筑物的优先级列表。然后，他们可以开始检查具有最大火灾风险的建筑物。此前，他们发现严重错误占列表前1/4的21%。现在这个数字上升到70%。⑥

英国和澳大利亚的税务机关使用预测分析来识别涉嫌提交错误纳税申报表或故意避免纳税的纳税人。与银行在批准或拒绝客户贷款申请之前进行的评估一样，预测模型可用于将纳税人分为不同的风险组，并在需求最大的地方实施资源控制。

在挪威，税务管理局已经开始使用这些方法来重点把控高错误率的工作任务。一个人

---

① Mayer-Schönberger V.，Cuckier K.（2013）.

② Siegel E.（2013）.

③ 挪威政府（2009年）。

④ 挪威政府（2009年）。

⑤ NESTA（2016）。

⑥ Copeland（2015）.

在纳税申报表中填写的课税扣减数额越大，错误风险也会增加。因此，出现多次扣减记录的纳税申报表通常会被挑出，进行手动控制。

然而，最大的纳税申报表组群中，往往只有两条或更少的课税扣减记录，因此要确定该组中具有高错误风险的申报表要困难得多。据估计，这些申报表中约有 17% 是不正确的。在引入预测分析之后，税务管理局发现在选定的申报表中，有 71% 出现错误。因此，该算法与识别出的需要进行特殊控制的任务高度关联。①

通过这样的分析，资源使用变得更有针对性和有效。还有一些其他的模型可以给出风险评分，例如，一个特定纳税人提交的纳税申报表含有一个他/她无权享有的扣减项。同样地，这些风险预测模型为目标控制提供了更强大的基础，从而提高了合规性，减少了评估的使用，项目经理的工作量更均衡。

当类似的分析在同一地区使用的情况下，可以节省资源并且对于该机构是有效的。②在英国，HMRC 税务机关估计，针对增值税逃税问题的类似举措能够在每个项目经理那追回 1 倍的税收收入。③

4.3　医院：预测性紧急服务

所有医院都面临着一个根本性的挑战：他们必须在常规运营需求与急诊部门的人员和资源需求之间取得平衡。预测分析可以帮助解决这个问题。在澳大利亚昆士兰州，一些医院使用了 PAPT（患者入院预测工具）计划。利用医院的历史数据和预测模型，该计划可以预测在某一天内将有多少患者入住急诊室，最多可提前 6 个月做出预测。该计划不仅预测了对紧急服务的需求，还预测了需求的急迫程度，所需的临床技能及需要多少床位。④

人员配置得到相应的计划和调整，从而减轻员工的压力，缩短患者的等待时间，并快速获得重要的医疗服务。据 CSIRO 公共研究机构称，该项目使昆士兰州的开支节省了 100 万澳元，预计全国生产力将提高 2300 万澳元。⑤

4.4　就业：防止年轻人失业

在高税收资助的福利国家，需要相对较多的人更努力地工作。防止早期失业和工作能力丧失对保障个人的发展机会和生活质量、确保更广泛的社会福利至关重要。

新西兰社会发展部（MSD）多年来一直在数据分析领域开展试验，以确定福利服务的目标。通过编制和分析不同公共实体的数据，该部发现，超过 70% 的总福利成本可能与在

① 挪威税务管理局（2016 年）。
② 挪威税务管理局（2016 年）。
③ 《公务员季刊》（2015 年）。
④ CSIRO（2014）.
⑤ CSIRO（2016）.

20 岁之前就成为福利计划受益人的居民有关。[①]

MSD 与教育部一起研究了与未完成高中学业的学生相关的信息。他们查看结果、排除项、学生退学的原因和学生的年龄。通过将此类数据与来自该国代理机构的有关就业、儿童、青年和家庭的信息汇总，该部据此开发一个模型，用于计算一个人在离开学校后 3 年内需要社会福利救助的可能性有多大。[②]

通过这种预测分析模型，该部可以针对有风险的个人提供社会支持服务，以减少未就业或未受教育的年轻人数量。

根据该模型背后提供分析服务的公司数据显示，该模型推出之后，新西兰福利金费用降至 5 年内的最低水平。[③] 据报道，类似的方法将依靠社会福利生活的单亲父母的数量减少了 9% 以上。预计在未来 4 年之内，使用这种计算机技术将为 MSD 节省数十亿美元。[④]

4.5 警察：预测性政策

可以预防犯罪的积极警察部队比后知后觉的警察部队更好。在一些国家，警方已开始使用数据分析来确定何时何地会发生新的犯罪。

预警警察的工作基于这样一种假设，即犯罪发生的地点和时间并非完全随机，但犯罪往往集中在特定地点和某些时间。

数据分析不仅可以帮助警方识别过去犯罪率很高的网站，而且通过使用预测模型，他们还可以识别未来犯罪风险高的地区。

在美国，在警务环境中使用预测分析已经很普遍，英国、德国、瑞士和荷兰等国的警察也在利用这项技术。

通过更好地了解犯罪发生的时间和地点，可以在警察服务需求最大的地点和时间提供警察资源。警方还可以分析促进犯罪的条件。改变这些条件，如改善街道照明，限制进入或逃离该地区的路线，或将警务人员置于更显眼的位置，都可以起到预防作用。[⑤]

4.6 你是一个问题还是你有一个问题?

当预测性分析针对人类行为，如购物、贷款违约、盗窃或逃税时，分析试图预测人们在某些情况、某些条件和某些假设下的行为方式。

这种分析越是个性化或以群体为导向，分析的框架就越重要，对于那些被认为有用或有问题的人来说，预防措施就越重要。例如，预测犯罪何时发生与预测谁将参与其中是截

① 澳大利亚政府（2015 年）。
② 新西兰政府（2014 年）。
③ SAS（2014）.
④ 澳大利亚政府（2015 年）。
⑤ 挪威技术委员会（2015 年）。

然不同的。

分析是将个人或群体视为一个社会问题，还是用于提供更多支持、新机会和替代选择？你是一个问题，还是你需要特定的支持？什么时候预测分析会沦为不公平、歧视和差别待遇的工具？

（1）风险清单：你是问题还是有问题？

芝加哥警方已经使用数学网络分析列出了大约400人，他们认为这些人很可能在不久的将来参与严重的帮派犯罪。警方已利用该清单对有风险的人进行有针对性的访问，或与其家人、伴侣等熟人结交，以解释他们面临的风险及其可能带来的后果。其目的是鼓励名单上的个人在参与严重犯罪行为之前改变行为。芝加哥警方因其采取的家庭访问方式不合理，风险清单及其所依据的评估过程缺乏透明度而受到批评。

在新西兰，社会发展部考虑使用预测分析来识别处于被虐待或被忽视的高度风险中的新生儿，以便实施预防性支持措施。然而，道德考量使该项目搁置。①

虽然动机是好的，但是不良的框架和不正确的数据预测分析可能造成对儿童、青少年和成年人的侮辱或差别待遇，而事实上他们还远未做出任何需要差别对待的行动或选择。

在每种情况下，必须评估应如何使用预测性分析及此类应用可能对公信力产生何种后果。一个支持性原则是，框架应该增加公民的机会，而不是缩小机会。

（2）我们可以打开黑匣子吗？

如果我们不理解我们使用的算法如何得出结果，预测分析可能会成为掩盖重要假设、不确定性和规范性选择的“黑匣子”。然后，所有权力将集中在那些开发者身上，而公民将几乎没有机会去调查、评估和挑战算法决策系统。

美国警方越来越多地使用预测分析，这一点饱受争议，一些公民权利组织指出，很少有独立的研究证实这些方法有效。与此同时，在很多情况下，数据偏差和透明度的缺乏会加剧警察执法的低效和不公平。②

因此，系统设计的开放性及使用监督是公共部门使用预测分析的重要先决条件。一些国家正在讨论公民如何深入了解自动化决策过程。法国最近审议了一项关于算法透明度的法案。③ 算法透明度的一个挑战是透明度本身不会为公民提供有意义的信息，如果没有技术性专业知识来理解源代码和流程之下的数学技术，透明度本身并不是一个完整的解决方案。

因此，对于构成分析基础的假设和评估，使用什么数据，如何收集数据，数据的完整性、正确性和实效性如何，这些信息的完全透明十分重要。公民必须确保分析行业不含有可能导致侮辱和不公平差别待遇的偏见或弱点。

---

① 新西兰政府（2015年）。

② 公民权利与人权领导会议（2016年）。

③ 伦敦政治经济学院（2016年）。

5 数据化转型的政治方法

在2017年的“观点报告”中，挪威政府描述了挪威面临的挑战：人口老龄化意味着工作人员减少、税收减少，患慢性病的人数增加。与此同时，石油和天然气行业及投资基金的经济贡献将减少，挪威石油经济的黄金时代即将结束。①

这对公共部门的启示是显而易见的，如果我们要将福利服务保持在同一水平，或者改善它们一类选择是使用新技术，另一种选择是税收急剧增加。如果公共部门没有任何改善，那么提高私营部门的生产率也将无济于事。

起点并非如此糟糕，挪威政府一直在迅速采取行动，使用数字技术来改进项目管理并公开数据。我们相信技术的潜力更大，公共部门需要新的数字化转变。当我们以全新的方式利用技术来解决旧问题，并且让公民参与，最重要的变化将会产生。

互动技术可以使公民积极参与公共服务，数据量的增加催生更加个性化的服务，数据分析的使用可以指导公共机构采取预防措施，而不是采取追溯性的反应措施和改进措施。

我们已经指出为新的数字转型设置了多高的标准。这些变化可能挑战挪威建立福利国家的既有模式，改变公民与政府之间的权力关系，减少委托关系。

在最后一章中，我们将描述一些有助于在不破坏公民与国家之间平衡的情况下发挥技术潜力的政治方法。我们没有现成经验供参考，没有其他国家试验和测试过的总体规划，告诉我们应如何进行数字化转变。尽管如此，国内外仍有很好的个别举措为我们指出方向。总而言之，3个相关点包括：（1）提供数字自助服务；（2）优先考虑公共实验；（3）制定新的数字社区合同。

5.1 数字自助服务

挪威数字化政策的一个重要目标是“数字首选”。② 在线服务应成为公民与公共组织之间沟通的一般规则，包括使公民不必特意搜寻其有权获得并且需要的东西。③

但是，数字化以更根本的方式为改变公共服务开辟了道路。在过去的10年中，我们每个人都经历过数字革命。互联网、智能手机和“云”让我们可以访问以前仅大公司能访问的信息、服务和计算能力。在未来几年，越来越多的人将能使用人工智能来解释问题、提供协助和建议。

换句话说，技术已经变得民主化，绝大多数挪威人拥有强大的数字工具，如智能手机，无论他们走到哪里都会随身携带。因此，公民有机会自己使用这些工具来开展以前必

---

① 29号白皮书（2016—2017）。

② 挪威政府（2012年）。

③ 27号白皮书（2015—2016）。

须由专业人员完成的公共服务，如在慢性病患者的后续治疗中。

数字自助服务的主要规则可以表述如下：如果数字支持能够使公民在不降低服务质量的情况下自己执行任务，那么国家应该支持和推广这种方式。

在能够为公民带来直接利益的领域开始角色再分配是很自然的。网上银行之所以取得成功，恰恰是因为该服务对用户来说更好、更简单。对服务的改进本身就是参与提供服务的动力。此外，研究表明，公民更有可能积极参与他们经常接触的服务。①

（1）为慢性病患者提供自我测试服务

随着挪威80岁以上的人口越来越多，慢性病患者的数量将在未来几年迅速增加。患有慢性疾病的人进行自我检测，可以获得更好的健康保健服务，因为检测更加频繁，花在看医生上的时间也会减少。②

奥斯陆和萨普斯堡的项目已经对慢性阻塞性肺病（COPD）患者的家庭监测情况进行了测试。结果显示，住院率和住院天数减少，家庭访问需求也减少了。③ 用户还表示他们对疾病的认识和把控力增强了，并认为他们将密切关注这项健康服务。④

（2）建立数字一线

自助健康检测的人将通过减少不必要的请求来减轻卫生服务部门的负担，从而节省时间并获得更好的服务。因此，卫生部门应建立数字一线与GP或紧急医疗服务机构取得联系。⑤

在英国，这种类型的数字一线正在使用Babylon Health应用程序进行测试。该应用程序使用人工智能来指导公民参与问卷调查，然后提供简单的建议和反馈。如有必要，用户可以与医生开视频会议，并可以在家中进行测试以进一步调查病情。

（3）增加激励

在许多情况下，为公民提供更好的服务并不足以让他们使用数字自助服务。公共服务提供者还需要用激励性措施和要求改变现有做法。

例如，今天，医疗服务主要奖励实际出勤诊疗室的医生，而在线帮助民众在家中开展自助服务则不会获得奖励。因此，卫生服务中的在线咨询应被视为实际出勤，并且需要设立一个新的、在行业中公正的费率，以奖励那些通过互联网持续跟进公民医疗状况的医疗专业人员。⑥

现在，世界上最大的医疗保健提供商之一Kaiser Permanente，超过一半的医疗咨询都是通过在线门户网站、应用程序或视频通话进行的。80%的医生和患者对通过互联网给予

---

① Pestoff V.，Skondal E.（2012）.

② 挪威技术委员会（2015年）。

③ Intro International和奥斯陆建筑与设计学院（2016年）。

④ jørkquist C.（2015）.

⑤ 挪威技术委员会（2016年）。

⑥ 挪威技术委员会（2015年）。

和接受治疗的方式感到满意。[①]

（4）在发生事故时动员公民

随着智能手机、社交网络及地图和图像服务的普及，可以在出现紧急需求时协调和动员公民采取行动。

伦敦的救护车服务中心在接到紧急求助后通过 GoodSAM 应用程序为志愿者提供紧急救助的专业信息。志愿者会拿到一张地图，这样他们就可以轻松找到需要帮助的人，并提供急救，直到救护人员到达。他们还会被告知最近的除颤器所在的位置。[②]

这表明应如何将志愿服务纳入现有公共服务来扩大和加强这些服务。热情和有能力的公民可以帮助改善公共服务。[③] 如果发生意外事故或犯罪行为，人们可以提供显示精确时间和地点的文字、图像、视频和录音。这些信息至关重要，特别是在紧急服务到达之前。[④]

（5）护理服务中的时间银行

除了处理与自身需求相关的任务（如健康测试）之外，公民还可以通过共享服务来帮助满足其他人的需求。时间银行是实现服务交换的平台，你赚取的时间而非金钱可以用来购买他人的服务。时间银行可用于许多不同类型的服务，从会计、图形设计到烹饪和园艺。

在日本，人口老龄化已经给护理服务带来了很大的压力。为了满足这些需求，许多城市都采用了时间银行这个系统。通过时间银行，志愿者与需要帮助的老年人联系在一起。志愿者获得时间报酬，他们可以用这些时间来为自己购买服务。由于许多老年人没有机会赚取时间，日本的时间银行采用 Fureai Kippu 货币的形式，允许人与人之间进行时间转让，通过这种方式，居住在该国某地的公民可以自愿工作并赚取小时，并可以将这些时间“捐赠”给生活在该国其他地区的父母。

时间银行的使用带来很多好处，比如说可以使老年人在家中待更长时间，并且志愿者和老年人都十分欢迎这个系统。[⑤]

5.2 公共试验

在本研究中，我们已经表明，数字化为公共部门在不同领域创建个性化和预测性服务创造了机会，从消防服务、税收到学校、儿童福利和健康服务。为了开发这些新服务，公共部门可以从互联网公司的成功经验中学习。在开发新产品和定期改良时，这些公司会开展大量的试验。例如，谷歌说其每年进行 12 000 次实验。[⑥]

---

① mHelath Intelligence（2016）.
② 伦敦救护车服务（2015 年）。
③ NESTA（2016）.
④ 挪威技术委员员会（2014 年）。
⑤ 新经济基金会（2012 年）。
⑥ 有用证据联盟（Alliance for Useful Evidence）（2015 年）。

其中一个原因是数字化本身为更大程度的实验开辟了道路，可以轻松地对数字服务进行更改，更快地升级，并且可以更快地获得效果信息。换句话说，管理层有机会用快速响应的、低成本的原型替换或补充概念性的评估和报告。通过这种方式，你可以在向整个人群推出新服务之前找出有效的方法。

在2016年为挪威技术委员会和数据保护局开展的一项调查中[①]，挪威人对利用预测模型、推崇个性化服务的公共服务持积极态度。例如，71%的受访者表示，他们对采取个人调整措施帮助失业者找到工作持乐观态度。65%的受访者对税务管理部门使用预测分析识别高欺诈风险人群的这一做法表示乐观。调查显示，民众已做好准备，公共部门应开始尝试新服务。

但是，公共部门在一些重要方面与私营公司不同。服务可能是基于权利的，两者在透明度和平等待遇方面的要求将是不同的，公民不能轻易转向另一个供应商，公共部门不能为了追求创新和市场力量而不顾一切地"快速行动和打破陈规"，像硅谷一样。

（1）由上而下支持数字发展

在芬兰，引入实验文化是政府宣称的战略目标之一。[②] 要为公共部门的新服务测试创造空间，来自最高政治层面的支持至关重要。通常情况下，默认实验有时会产生不良结果，下层机构需要为此买单。同时，这种中央支持可以确保测试的系统性和目标的长远性。[③]

在英国，一些数字举措，如开放政策实验室和The Bevoural Insights团队已被分配给内阁办公室管理，内阁办公室向首相汇报。这表明创新和实验得到了强有力的支持，协调良好。

（2）为公共部门创建一个实验室

公共部门通常缺乏灵活的组织，不易于实验的开展。因此，在早期阶段，组建独立的实验单位是一个合适的选择。

在英国和丹麦，已经建立了公共实体，用于测试新技术和新服务的使用。英国开放政策实验室[④]和丹麦Mindlab[⑤] 都在传统的组织范围之外运作。他们入驻那些希望测试和改进服务流程的机构和部门。

如果实验成功，可以在国家层面实施该项措施。一个独立的组织使他们能够在复杂的问题上创新思路，经合组织指出，这些组织可以在固守传统的领域做出改变。[⑥]

---

① 意见调查，挪威技术委员会和数据保护局。

② 芬兰总理办公室（2015年）。

③ 有用证据联盟（Alliance for Useful Evidence）（2015年）。

④ https：//openpolicy. blog. gov. uk/about/ 101 Mindlab. dk.

⑤ Mindlab. dk.

⑥ 经合组织（2013年）。

在纽约[①]、芝加哥[②]和新奥尔良[③]这样的大城市，已经建立了众多“实验室”开展数据分析。这些实验室对城市众多服务中的大型数据集进行分析，以建立新的洞见和实践。一个例子是纽约市的消防部门对具有高火灾危险的建筑物进行检查（第4章）。

（3）帮助试点起飞

公共部门的试点项目往往会引发民众的热情并对当地社区产生巨大影响，但很少有项目能够进一步扩大规模，促进国家政策和整个公共部门的进一步发展。一旦项目结束、资金用完，知识开发和测试也将停止。[④]

因此，公共部门实验计划必须以系统方法为基础，这样才能边做边学，对项目成功或失败的原因也能有所了解。[⑤]

评估新措施效果的一种方法是随机对照试验（RCT）。将个人或机构（如学校或市政机构）的样本随机地放置在测试组或对照组中。在测试组中试验待评估的新措施，而对照组则按旧规则行事。在给定时间后，将测试组与对照组进行比较。此类测试对于数字服务特别有用，因为其很容易进行小的更改并快速获得结果。[⑥]

自布莱尔政府以来，英国的效果中心（What Works Centres）一直强调政治决策之前应该弄清楚什么做法才是最有成效的。[⑦] 他们检测哪些措施在各个公共部门，如学校、健康、预防犯罪和护理服务等部门，是最有效和最活跃的。[⑧]其中的一个例子是教育捐赠基金会，其工作是确保学校的各种举措都得到测试和评估。除此之外，他们还开发了“教学和学习工具包”[⑨]，总结了科技使用、校服引入等措施的效果及家庭作业的学习效果。

丹麦也在寄希望于循证政策，政府已为未来4年划拨2.5亿丹麦克朗，将循证举措列入议程[⑩]。最初，其将侧重于开发和测试方法，以阐明各种措施的效果，然后将这些方法推广到丹麦的所有城市。

同时，服务的数字化也会发挥作用。丹麦的许多城市都在通过查看有关其用户的历史数据来分析社会领域的措施，希望大数据分析可以找到能够记录不同措施如何影响公民的模式和背景[⑪]。

（4）不要只依靠顾问解决问题

主要公共部门项目并非都能顺利实施，特别是在涉及数字化解决方案的情况下，需要

---

① http://www1.nyc.gov/site/analytics/index.page.

② https://www.cityofchicago.org/city/en/depts/doit/provdrs/data_science.html.

③ http://www.nola.gov/performance-and-accountability/nolalytics/.

④ Andreassen, Kjekshus, Tjora (2015).

⑤ 经合组织（2017年）。

⑥ Handforth (2017).

⑦ 内阁办公室，“网络上什么可以有效。”

⑧ “网络上什么可以有效”(2014)。

⑨ https://educationendowmentfoundation.org.uk/evidence-summaries/teaching-learning-toolkit/.

⑩ Mandag Morgen (2016).

⑪ 同⑩。

权衡许多不同的考虑因素，而且项目本身往往变得庞大而复杂。同时，技术解决方案的参与者相对较少。

在某些情况下，最好引入更多的参与者，他们可以一起研究如何以最佳方式解决具体问题。

黑客马拉松将不同的 IT 开发人员、专家、用户和决策者聚集在一起，在很短的时间内——通常只有几天或几周——来考虑特定问题的可能解决方案。其目标不是开发现成的解决方案，而是开发可以实际测试的技术原型和试验而不必适应所有现有的技术和法规限制。

黑客马拉松最近被全球多个国家和城市的公共服务部门使用。在挪威，公共管理和电子政务署（Difi）及挪威国家测绘局组织了 Hack4no① 竞赛，企业家、学生等利用公共数据创建新服务。在印度，政府通过黑客马拉松为包容性创新进程开辟了道路。在“智慧印度黑客马拉松”（Smart India Hackathon）活动中，许多部委和其他公共机构可以寻求帮助来解决其数字服务中遇到的特定挑战②。

在其他国家，黑客马拉松这一概念已被进一步采纳，并将其作为公共采购竞争性招标的一部分。2016 年，芬兰政府启动了一个平台，以支持服务开发的实验。开发这个平台前，就举行了黑客马拉松而不是传统的竞争性招标③，这使得在决策前看到替代解决方案的早期原型成为可能。陪审团以匿名方式评估了这些结果④。

在墨西哥城，市民参与收集有关城市公共交通的信息。该市拥有庞大的小型公共巴士网络，运营 1500 多条不同的路线。由于其规模，很难获得路线的去向和时间概览。在一个新的项目规划中，已经开发了一个应用程序⑤来收集 GPS 数据。该应用程序为游戏型，鼓励市民在乘坐公共汽车时玩这款游戏。

通过这种方式，墨西哥城已经覆盖了公交车的路线和时间。市民通过游戏积分，可以兑换现金。在调查了最受欢迎的路线之后，更偏远的路线可获得更高的积分。通过这种方式，鼓励市民为绘制所有路线做出贡献。3500 多名市民参与了调查，所有收集的数据都已公开发布，数据集也将用于黑客马拉松⑥。

5.3 数字化社会契约

与欧洲其他地区的情况相比，北欧国家的居民对其国家政府表达了更大的信心。对政府管理系统及管理、运营和开发系统的公共实体的信心对于福利模式的普遍接受和认可至

---

① http：//hack4. no/pages/om-hack4no.

② https：//innovate. mygov. in/sih2017/.

③ http：//kokeilevasuomi. fi/en/design-contest.

④ Experimental Finland（2016）.

⑤ http：//www. mapatoncd. mx/.

⑥ Fast Company（2016）.

关重要[①]。因此，技术被用于以全新的方式解决旧问题时，标准设置得很高。

在本研究中，我们建议政府应以新的方式使用公民的数据。相比以往，数据使用则会更多，不同公共实体之间的数据共享也会更普遍。公共部门希望进一步加强与我们直接的联系——这是否会变得过于个人化？

因此，我们需要一个明确的公民与公共实体之间数字互动的社会契约，公民自己控制着自己的实际“存在”。公民还必须有一个真正的机会来控制和塑造其在公共系统中的数字档案。同时，政府必须实施独立的监测和检查。

（1）赋予公民对个人数据的控制力

与管理他们在网上银行的个人业务一样，公民需要一个数字界面，为其提供一个简单易懂的概述，了解公共实体如何管理和使用他们的个人数据。公民还必须有机会积极提供或撤销各种应用其个人数据的申请。

在挪威，公民目前对个人数据的控制有限。公民的数据位于各种私人和公共“孤岛”中，面临不同的收集、共享和使用政策。因此，理解、评估和管理与数据收集和使用相关的风险也很困难。

个人数据存储（PDS）是一个技术通用术语，赋予个人与其他参与者一起收集、存档、更新、更正、分析和共享个人数据的能力。向第三方授予或撤销访问许可的能力是一个特别重要的因素[②]。

一个例子是 Healthbank，一种瑞士用户拥有的健康数据共享服务。公民从就诊、健康应用程序、自我测试中收集健康数据，并自行决定与谁共享数据及可以使用哪些数据。例如，患者可以选择与研究项目共享数据。公民在任何时候都可以完全控制数据的使用方式，并可以自由地改变共享形式[③]。

在爱沙尼亚，公民已经可以通过门户网站访问几乎所有关于他们的个人数据[④]。该门户网站为公民提供访问已查看和使用其信息的人的日志。他们也可以修改不正确的条目[⑤]。

2015 年，芬兰开放知识和交通运输部起草了一个概念性大纲，对其框架、原则和可能模型进行了设想，对其可能模型的一种描述使芬兰公民可以完全控制个人数据，以及私人

---

① 绿皮书 2011：7，3.3 章.

② 现在，层出不穷的举措都在尝试使用 PDS 技术，使个人能够更好地控制数字经济中的个人数据。

* 英国 Mydex 为用户提供了加密区域存储、管理和共享数据的机会，只有用户才可以访问该区域。想要访问的第三方必须注册 Mydex 网络，并在发布任何数据之前接受用户定义的使用规则。

* 在麻省理工学院媒体实验室，用户可以完全控制个人数据，这些数据永远不会被直接共享至第三方。但是，第三方可以提出与数据集相关的问题，并根据用户定义的规则得到回复。http：//journals. plos. org/plosone/article? id = 10. 1371/journal. pone. 0098790.

* 荷兰 Qiy 网络允许用户通过门户网站控制个人数据。这些数据主要存在于各种商业机构或州政府等第三方中，如果通过 Qiy 网络进行数据使用，第三方必须遵守严格的使用和强制加密准则。

③ https：//www. eesti. ee/eng/.

④ 同③。

⑤ Government Digital Service Blog（2013）.

和公共参与者如何共享和使用这些数据[①]。该框架的目标是确保数字人权，同时在公民、政府和公司之间相互信任的基础上，为更多数据驱动的创新开辟道路。该政府部门现在为不同组织的网络提供便利，这些组织已经启动了“MYDATA”试点项目，包括健康方面[②]。

（2）确保数据为社区服务

挪威大陆架石油资源的良好管理为挪威福利国家的发展提供了政治空间，并有助于确保我们今天享有的高水平福利。同样，将公共数据视为国家资源，并以确保社区未来繁荣的方式进行管理也很重要。

挪威的公共部门组织良好，其活动数据来自社会的各个不同领域。因此，与其他很多国家相比，挪威具有竞争优势。公共部门也有一个明确的目标，即免费提供公共数据，以便企业和民间社会组织能够为提高效率、创新和经济发展做出贡献[③]。

提高透明度和广泛获取公共数据的目标必须通过确保公民能够从公共数据中获益的政治指导方针加以实现，必须以加强未来福利和繁荣的方式管理这些数据。

（3）明确价值和所有权

机器学习算法是在数据上训练的。没有数据作为原材料，就没有人工智能。公共机构是机器学习供应商的天然目标，因为它们通常在重要领域拥有独特的大型数据集，如健康、教育和交通等数据。

因此，公共数据具有特殊价值，不仅对公共部门而且对想要开发商业服务的私人参与者而言也有价值。这至少引发了两个问题。

第一个问题是公共数据的价值究竟是什么？与石油工业一样，必须制定公共数据的工业政策，以使其价值为整个社会带来福利。发布公共数据或与第三方共享时，社区必须在新业务开发、就业、税收或更好和更便宜的公共服务方面获得附加值。

外国公司要获得挪威大陆架上的石油资源，就必须帮助培训挪威公司并支持挪威工业，这为挪威国家石油工业奠定了基础。同样，外国对挪威公共数据的获取是否应以数字专业知识和资源用于加强挪威企业或在挪威建立类似专业知识为条件？

第二个问题涉及所有权。当公共数据用于训练在挪威公共部门之外可能产生商业价值的算法时，那么谁拥有最终的算法——服务供应商或公共部门？公共部门是否应该为使用公共数据算法的服务付费？公共机构交换公共数据以换取免费服务是否正确？

（4）避免垄断

商业人工智能目前由少数拥有大量数据的大型外国 IT 公司主导。网络效应强化了这一地位：使用这些服务的人越多，这些公司获得的数据就越多。通过更多数据，可以进一

---

① Ministry of Transport and Communication（2015）.

② https：//mydatafi. wordpress. com/.

③ 27 号白皮书（2015—2016）.

步提升服务，从而吸引更多用户，进而产生更多数据。

良好的金融资源和对数字经济的独特洞察力也使大型公司能够收购可能威胁其市场地位的创新型初创公司，小型公司通常很难在平等的条件下参与竞争。

这也可能对公共采购产生影响：在英国，很多公共出资的医院与总部位于伦敦的公司DeepMind共享匿名健康数据，该公司由谷歌控股，是人工智能领域的全球领导者。可以理解的是，英国医疗保健系统希望与其建立伙伴关系，以提升公共卫生服务。

与此同时，该公司将从获取公共数据中受益，以开发用于医疗保健的商业人工智能平台，协议的评论者对此表示担忧。因为该协议可以帮助该公司巩固其主导地位，取代市场上较小的参与者，最终造成对单一参与者的过度依赖①。

面对数据密集型技术（如机器学习），网络效应可能很大。因此，政治家有必要长期考虑未来公共服务的竞争条件、先发优势和垄断局面。

（5）制定实验规则

在实践中，实验通常意味着在试验期间，一小部分人群的待遇与其他人群不同。发现测试组中的邻居获得基本收入，而作为求职者，你却没有获得收入时感觉如何？

我们认为，如果实验最终使所有公民和公共部门受益，这是可以接受的，其为在国家实施之前对小部分人群进行测试和完善有希望的构想提供了机会。如果失败，也可能仅仅是因为你在试验阶段受到这项措施影响的公民人数有限②。

公共部门需要有进行实验的空间，但需要制定规则，以便公民能够确信活动在严格的道德框架内运作。规则示例如下。

①实验应该对社会产生明显的好处，而不让公民面临不必要的风险。

②在整个过程中应确保个人隐私，如匿名数据③。

③参与此类实验应该出于自愿，还可以选择退出。

④作为一个起点，公共部门的所有实验及实验结果应该充分对公民开放。

⑤在某些情况下，这种透明度可能适得其反，因为人们可能会表现得不同往常。这可能适用于数字微移的实验。如果实验对公民的生活选择、方案选择、经济或健康产生影响，则应优先考虑透明度。

（6）算法监督

在本研究的第3章和第4章，我们指出了算法如何加剧社会不平等，导致无意的羞辱和歧视，以及隐藏惯用性选择。机器正在接管以前由人类完成的工作，这使得非专业人员难以理解已经进行的评估。人工智能加剧了这一点，因为即使是专家也无法解释算法如何进行评估。

① Powles, Hodson (2017).

② Alliance for Useful Evidence (2015).

③ Nokso-Koivisto, Kaskinen (2016).

因此，公民需要帮助才能获得对个人数据的访问权限。在英国，已经提出建立“机器情报委员会”①，但我们认为现有的机构，如挪威的数据保护局和审计署，至少也可以这样做，如果他们的法律和社会科学专业知识得到了技术知识的深入补充。

数据保护局目前在依据法律控制个人数据的收集和处理，并确保纠正错误和遗漏。在未来，如果公共实体希望更大程度地使用和共享有关公民的数据，并开发用于个性化和预测性服务的算法，数据保护局将在确保公民的个人数据得到保护方面发挥重要作用。

在挪威，审计署确保国家行政当局以议会决议的方式使用社区的资产和价值，绩效审计评估服务的平等和透明度等是否符合基本价值观。这还可能包括评估主管部门用于影响公民的措施，以及是否有可能跟踪案件管理过程中的所有决策和要素②。未来，绩效审计还应包括对公共行政部门算法的监督。

此类审计应能够仔细检查与算法系统相关的整个链条，例如：数据收集和交叉耦合；机器训练和评估；工作人员是否正确使用系统；公民有什么机会要求解释或质疑算法决策；评估应对方式是否足够好，是否广泛。

---

① NESTA (2016).

② Office of the Auditor General of Norway (2012).

无人机技术评估

Michael Nentwich　Delila M. Horváth*
(Institute for Technology Assessment of the Austrian Academy of Sciences)

1　简介

虽然直到最近，“无人机”才主要用于军事，但同时也走进了民用领域和日常生活。全世界有成千上万的玩具无人机或四轮摩托车。我们都习惯了从无法想象的角度拍摄令人叹为观止的镜头，也越来越频繁地看到监视无人机。很多人已经观看了“无人机芭蕾舞”的视频剪辑，或是见到游客用“飞行自拍杆”拍摄自己的电影。为了测试无人机的用处，许多其他领域进行了试验测试，如在农业、人道主义和医疗部门，无人机用于检查设施，在绘图和测量领域则用于研究。此外，大型在线零售商、一些邮政企业和全球众多初创企业引领我们想象一个无人机在空中投递日常商品的世界。

无人机投递的愿景并非没有预设。要实现这一目标，必须克服许多技术和监管障碍。鉴于巨大的接合深度——我们周围的空域目前仅由鸟类和偶尔的直升机使用，将会发生深刻的变化——一些典型的技术评估（TA）问题需要解决：是否存在安全问题？有环境风险吗？犯罪分子或恐怖分子会滥用这项技术吗？鉴于涉及不同的利益，我们是否面对社会冲突？目前的监管框架是否足够，或者我们是否需要新的规则？

本研究综述沿一般线索提出该主题，并给出以上问题的答案。该研究主要基于大量互联网资料、文献研究和一些专家访谈及分析。鉴于许多问题尚未解决，以及可能产生冲突，我们提议，需要尽快开展奥地利参与性要素的综合性技术援助研究。

1.1　该领域的定义和常用简称

“无人机”被定义为无人驾驶飞行器或系统①，我们认为的无人机通常是指一个没有

---

* 作者简介：Michael Nentwich，奥地利科学院技术评估研究所所长，研究员；Delila M. Horváth，奥地利科学院技术评估研究所研究员。

翻译：黄红华（对外经济贸易大学）。感谢作者的翻译授权。

① 欧洲航空安全局（European Aviation Safety Agency）定义，easa. europa. eu/easa-and-you/civil-drones-rpas. 美国联邦航空管理局（Federal Aviation Administration of the United States）也如此定义，faa. gov/uas/. 该报告中所有的网址都在2018年5月3日最终检查过。

飞行员的飞行器。无人机基于不同的技术，一种更像飞机，有机翼，另一种则更像是带有转子系统的直升机。然而，与直升机不同，后者至少有 3 个转子，通常可能是 4 个或更多。例如，“四轴飞行器”具有 4 个转子，而“六轴飞行器”具有 6 个转子。无论转子数量多少，它们都被称为“多旋翼飞行器”或“直升机”。

在本研究中，我们主要研究“民用无人机”，即仅用于民用目的的无人驾驶飞行器。我们将它们与军方或军事用途的无人机区分开来，特别是本文研究范围内的武装无人机的武装无人机。警方使用无人机，例如用于监视，严格来说也不是民用。①

在民用无人机中，有些人将其分为消费无人机（也称为个人无人机）和企业无人机②（也称为商用无人机）。前者是指出于业余爱好和娱乐用途而出售的无人机，后者则被企业用来提供服务。

如前所述，无人机上没有飞行员，无人机由地面操作员远程驾驶，或者或多或少地自主飞行。尽管远程控制的飞行物可能给人一种自动的印象，但只有当物体在其程序的基础上自动飞行时，我们才将该物体定义为“自动”，这表示该物体可以在没有人类遇见、控制或干预的情况下运行，并达到目标。

自动驾驶的概念在汽车行业甚至船舶行业（Krieger-Lamina 等，2016）得到了很好的发展。我们可以应用和适应汽车行业所谓的“自动水平”，将其应用于飞行器。在表 1 中，左侧显示了自动驾驶汽车的 5 个自动驾驶级别。基于这种逻辑，右侧我们展示了自动水平如何转化为无人机和其他自主飞行器。

表 1　自动级别

自动级别	名称	叙述定义	执行转向加速和减速	驾驶环境监测	动态驾驶任务的后备性能	系统能力（驾驶模式）
人类驾驶员监控驾驶环境						
0	无自动驾驶	动态驾驶任务的所有方面都由人类驾驶员来完成	人类驾驶员	人类驾驶员	人类驾驶员	无
1	驾驶员辅助	部分具体驾驶模式由一个驾驶辅助系统执行，其余由人类驾驶员操作和监控	人类驾驶员和系统	人类驾驶员	人类驾驶员	部分驾驶模式
2	部分自动驾驶	部分具体驾驶模式由一个或多个驾驶辅助系统执行，其余由人类驾驶员操作和监控	系统	人类驾驶员	人类驾驶员	部分驾驶模式
自动驾驶系统监控驾驶环境						
3	有条件自动驾驶	由自动驾驶系统执行驾驶任务的所有方面，人类驾驶员根据需要适当进行干预操作	系统	系统	人类驾驶员	部分驾驶模式
4	高度自动驾驶	由自动驾驶系统执行驾驶任务的所有方面，即使在人类驾驶员没有适时干预操作的时候	系统	系统	系统	部分驾驶模式
5	完全自动驾驶	在人类驾驶员可管理的全路况和环境条件下，完全由自动驾驶系统执行驾驶任务的所有方面	系统	系统	系统	所有驾驶模式

无人机智能水平

- A.由飞行员从地面可直接观察的远程控制
- B.无人机遥控摄像头将视频流传输给操作员
- C.由具有GPS稳定功能的自动驾驶仪远程控制
- D.自动：具有自主降落功能的编程路线
- E.自主：针对目标进行编程，自主决定的路线规划，能够自如地避免障碍物

资料来源：国际汽车工程师协会（2014）③，由 Krieger-Lamina 等（2016）改编，部分由作者翻译。

① Business Insider, 08. 09. 2017, businessinsider. de/commercial-uav-market-analysis - 2017 - 8？ r = US&IR = T.

② gartner. com/newsroom/id/3602317.

③ motorauthority. com/image/100593055_sae-levels-of-autonomy.

有关其他参考，请参阅以下无人机领域中使用的典型缩写的列表：

BVLOS	脱离视线
FPV	第一人称视角
MAV	微型飞行器
OPV	选择性驾驶车辆
RPAS	遥控飞机系统
SAA	感觉避免技术
UAV	无人驾驶飞行器
VFR	目视飞行
VLOS	视线

1.2 本文结构

除了第1章的介绍，本研究还有7章。在第2章中，我们概述了无人机在民用领域的应用，重点是第2部分的无人机送货。第3章介绍了该技术的技术现状和当前的挑战。在第4章中，我们初步概述了无人机送货的新兴市场。第5章简要介绍了适用于（交付）无人机的现行法律规则。第6章是本研究的核心，区分了更为深远和更受限制的无人机送货情况，而且将其潜在主要影响系统化，从安全和环境问题到各种社会影响和潜在冲突。根据第6章的结论，第7章总结了监管的潜在需要。最后，第8章提出倡导包容性和参与性技术评估研究的理由，因为这个时机对于预期治理来说是完美的。

2 民用无人机的应用领域

2.1 概述

在媒体和日常中，我们看到的通常是玩具无人机，和电影中的无人机，但是这项新兴技术应用范围很广泛。其主要特点——相对便宜，轻便，快速，通用，相对安静等——在许多潜在领域中发挥作用。无人机可以解决问题或取代现有的社会技术，因为无人机更高效或服务质量更高。事实上，已有许多试点项目，有时还会在该领域进行常规操作。有关概述，请参阅表2，下面是对每个领域更详尽的说明和来源。

表2 民用无人机的应用领域

灾害和应急响应/民防	私人监视
环境保护	科学
测绘	农业

续表

电影业	设备管理和维修
新闻	货物交付
爱好/玩具	法律实施
旅游	非法应用

在下文中，我们概述了无人机的当前使用领域。

灾害和应急响应及民防目的包括特别情况调查和地点调查，通过监测进行民事保护和搜索行动。无人机可以进一步用作飞行的特设互联网接入提供商（特别是在偏远地区），也可以在其运营中支持救援直升机（作为“第二只眼”，Bergtora Sandvik 等，2014）。① 保险业务无人机可用于快速数据收集，例如洪水之后，用于地点调查和绘图。②

在环境保护领域，无人机可以用于数据收集、位置调查和绘图。③ 一般来说，测绘和测量是一个主要的应用领域，如用于录制镜头，无人机生成特殊地图（不仅能拍摄高分辨率图片，还有红外线和其他波长、激光图像等。）④

电影业使用无人机从新视角中获得壮观的镜头；此外，镜头也经常用于市场营销和其他商业用途。⑤ 在新闻报道中，目前的应用包括观察体育赛事，以及从难以到达的位置拍摄镜头（更接近目标位置或接近对人类来说是死角的位置）⑥。

无人机也用于艺术目的。这可以通过多种形式表现出来，如“舞蹈”表演（“无人机芭蕾舞”⑦）、无人机群体在天空中的表演。⑧

显然，无人机可用于娱乐目的，如建模、空中比赛和私人拍摄等。使用无人机作为飞

① European Commission, 21. 11. 2016, ec. europa. eu/echo/field-blogs/stories/how-drones-can-help-humanitarian-crises_en.

② Air-World, 20. 06. 2017, air - worldwide. com/Blog/5-Ways-Drones-Are-Transforming-the-Insurance-Industry/; The Balance, 03. 02. 2017, the-balance. com/how-drones-change-insurance-industry - 4125242.

③ Environmental Law Institute, February 2017, epic. org/news/Drones-and-Environmental-Monitoring-ELI. pdf; SenseFly, sensefly. com/industry/environmental-protection/; Remote Aerial Surveys, remote-aerialsurveys. co. uk/environmental-monitoring.

④ New Atlas, 10. 05. 2017, newatlas. com/intel-drones-falcon-8-bridge-inspection/49452/; DJI, 11. 10. 2016, newatlas. com/intel-drones-falcon-8-bridge-inspection/49452/.

⑤ Production Hub, 02. 10. 2017, productionhub. com/blog/post/drones-and-their-impact-in-the-film-industry; SkySeeVideo, 16. 08. 2017, skyseevi-deo. com/drones-changing-film-industry/; Boston Globe, 23. 06. 2017, bos-tonglobe. com/business/2017/06/23/drones-rising-valuable-tool-commercial-film-industry/mbvWUH4Ydc5rkdHrMqxgjN/story. html.

⑥ There are a few websites dedicated to this topic: Professional Society of Drone Journalism, dronejournalism. org; and Drone Journalism Lab, dronejournal-ismlab. org. Furthermore, several articles discuss the topic: Cisco, 03. 07. 2017, newsroom. cisco. com/feature-content? articleId = 1851973; Simulyze, 27. 03. 2017, simulyze. com/blog/drones-and-journalism-how-drones-have-changed-news-gathering.

⑦ FuturZone, 19. 12. 2015, futurezone. at/digital-life/drohnen-verhuellen-nackte-taenzer/170. 384. 779/slideshow.

⑧ Tech Radar, 10. 02. 2018, techradar. com/news/intels-drones-broke-a-world-record-at-the-winter-olympics-opening-ceremony.

行自拍杆，通常作为儿童和成人的娱乐活动。①

除了刚才提到的游客使用无人机而不是照相机，无人机还可以用于营销，从新的角度来宣传某个特定地点或事件的镜头。②

无人机可以用于私人和商业目的，也可以作为私人住所的防盗警报或闭路电视的补充和私人调查员的工具。③ 虽然这不是狭义上的民用应用，警察也可以使用无人机进行监视，特别是在大事期间（如抗议游行、体育赛事和文化露天活动等），或者可能是为了追捕嫌疑人等。④

无人驾驶飞机也可能被用于非法目的，如用于走私（如携带武器进入监狱等场所、跨境运输毒品、运输非法文件或金钱）⑤，以及用于犯罪（如枪击）或恐怖分子攻击（如运送炸弹），间谍活动也可能是一个广泛的应用领域。

在科学领域内，无人机可以特别用作数据收集设备，如在洞穴、野外或考古遗址等难以到达的区域；对野生动物进行测量和监测及测量环境参数（空气质量、污染程度），更容易，更高效；可以用专门的摄像机（夜灯、红外线）进行观察。⑥

各种场地和大型基础设施网络的监测和检查，如管道系统、屋顶、电缆、铁轨、滑雪升降机支柱等，也可以通过特殊的无人机进行。⑦

在农作物和农业领域，无人机可以支持其数字化农业发展。例如，可以调查田地的特定参数（如湿度、温度和害虫等）；肥料也可以得到优化，无人机可以用来保护在收割前的草坪上睡着的小动物；无人机也可以用作稻草人。⑧

货物的运送方面可能需要运输小件货物，如膳食、日用品、药品、医疗样品和零部件等。这将是本研究的重点。客运需要使用无人机技术来运送人员，即在带有多个转子的小型电动直升机上短途飞行。⑨

---

① Dronethusiast, dronethusiast. com/drone-videos-that-blow-your-mind/; TechCrunch, 08. 01. 2018, techcrunch. com/2018/01/08/watch-intels-drones-play-the-piano-and-dance-in-the-air/.

② Global Drone Solutions, gdronesolutions. com/use-drones-tourism-marketing/; Skytango, 13. 04. 2016, skytango. com/how-drones-are-changing-tourism-marketing/.

③ Tech Crunch, 22. 08. 2016, techcrunch. com/2016/08/22/drone-startup-aptonomy-has-created-robotic-flying-security-guards/.

④ 关于警察无人机的科幻小说（Hillenbrand, 2014）.

⑤ FutureZone, 05. 02. 2015, futurezone. at/digital-life/us-start-up-plant-marihuana-lieferung-per-drohne/145. 301. 373.

⑥ Columbia University, 16. 06. 2017, blogs. ei. columbia. edu/2017/06/16/how-drones-are-advancing-scientific-research/; Nature, 12. 06. 2013, na-ture. com/news/drones-in-science-fly-and-bring-me-data-1. 13161.

⑦ Control Solutions, 25. 04. 2017, controlyourbuilding. com/blog/entry/drones-in-facilities-management-saving-lives-time-and-money; ORF-Salzburg, salz-burg. orf. at/m/news/stories/2737193/.

⑧ Microaerial Projects, microaerialprojects. com/services/agricultural-environmental-monitoring/.

⑨ 最近刚刚进行了一次成功的测试，参见 TechCrunch, 05. 02. 2018, techcrunch. com/2018/02/05/watch-ehangs-passenger-drone-take-flight/.

2.2 无人机送货

本研究主要关注无人机的一个特定应用，即货物的交付。无论是跟随流行趋势还是经济因素，不同领域的几家公司已经开始采取无人机送货的方法（小包裹、食品、药品和其他物品），并将继续运用（Bruckner，2017）。

小公司采取这些举措①，紧接着，亚马逊、谷歌（项目部）、敦豪速递公司（DHL）或梅赛德斯－奔驰等众多大公司开始投入大量资源，进行无人机送货测试和游说，以实现无人机送货。许多初创企业正在全世界推出无人机送货服务，通过这种新方式测试市场和立法框架。此外，奥地利邮政等国家邮政服务提供商等国企也对这个新方式产生兴趣。②

关于这一现象，出现了许多问题：无人机的送货服务是否会仅在特殊物品的市场（如医疗部门）中成功，或者是否会扩展到各种货物的交付？这是一项特殊服务，只服务于一小部分人，还是这种做法会取代所有现有的交付方式？无人机的快速交付是特殊场合的优质服务，还是社会要求所有交付加速（如在1小时内交付）？甚至长途交付最后也会成为无人机的领域？

这些问题及其他问题将在本研究下面的部分进行讨论，我们首先探究这些问题的技术方面。

3 技术挑战

作为多旋翼飞机的民用无人机是相对较新的，它们出现在市场上只有几年，数量也在增加。该技术仍在开发中，技术人员面临着许多挑战，构建可行、安全和运行良好的系统。在本章中，我们将讨论在广泛使用无人机送货的进程上要解决的一些主要问题。

3.1 自动飞行

无人机启动送货服务似乎以自主模式运行才合理——除了非常特殊的情况（如偶尔快递送到偏远地区）。否则，如果每架无人机都需要飞行员，那么使用该服务的主要原因就大打折扣（如降低成本、自动化、速度）。然而，从技术角度来说，自动操作无人机是一项挑战。

自动交付无人机操作的主要挑战是开发强大的感知和避免技术（AAE等，2015）。感

---

① 如Dominos公司在新西兰的无人机比萨饼送货，见CNBC，16.11.2016，cnbc.com/2016/11/16/dominos-has-delivered-the-worlds-first-ever-pizza-by-drone-to-a-new-zealand-couple.html.

② Post AG还参与了无人机的试点项目，绘制并测试了该想法的可行性和经济方面。有关这方面的进一步信息，请参见第4.2节。

知和避免技术是指无人机在预定位置以预定方式起飞，飞行和降落的能力，而不会在途中发生碰撞。为此，设备必须具有连续运行且准确的地理定位设备，通过摄像机（或雷达）获得清晰的视野及完善的算法公式，执行准确着陆。除此之外，交付无人机需要具备技术准备，以克服天气、路上的物理障碍（高层建筑、电线杆、电缆、飞鸟和其他无人机，尤其是人类）和内部故障。

目前尚不清楚哪种感觉和避免技术（或哪种组合）将是最可靠和最具成本效益的。特别是GPS、雷达、红外线和其他技术的开发和测试仍在进行中。到目前为止，无人机坠毁（与另一个物体相互撞击）也是一个挑战，技术人员尚未有满意的解决方案。

此外，交付无人机需要尊重指定的禁飞区（见第7.1节的地理围栏），即需要对各自的数据库或空中信号进行更新。最后，他们需要能够自动与其他空中交通和空中控制进行通信和协调。

3.2 进一步技术挑战

除了实现安全的自主飞行之外，无人机的交付系统能够正常运行，还存在广泛的技术挑战。

天气是主要因素。到目前为止，大多数试点项目都是在“理想”的天气条件下进行的，这引发了一个问题：当存在典型的非理想条件时，无人机将如何发挥作用？风、降水（雨、雪）、湿度、强UVA辐射、雾、低气压区等可能是交付无人机艰难的外部环境①。交付无人机的技术准备需要达到一定水平，以便它们能够应对在飞行区域遇到的所有可能遇到的微气候。如果我们打算推出“即时交付”② 的大规模送货服务，这些问题将变得特别相关。另外，低温会大大降低电池电量（后续会讨论）。

除了天气之外，另外一个技术挑战是如何有效保证无人机上包裹的安全性。丢失包裹的情况涉及许多其他问题，特别是责任和保险问题，以及交付危险物品的后果，或者是否丢失了珍贵或重要的包裹（如急需的血液样本）。

关于交付的其他方面，“重量”问题是另一个具有挑战性的因素。到目前为止，已经对0.5~3.5千克范围内的包裹进行了许多试验。③ 如果货物的重量超过这个范围，那么这项服务的大规模推广就成了问题（或者使用不同的交付无人机，可能影响该项服务的成本——打广告时将该服务称为比常规交付服务更为经济的选择）。④

---

① UPS测试显示交付无人机仍然需要工作，techcrunch. com/2017/02/21/ups-tests-show-delivery-drones-still-need-work/.

② futurezone. at/science/tu-graz-testet-drohnen-als-paketzusteller/274. 382. 090.

③ 同②。

④ RedStage，01. 04. 2017，redstagfulfillment. com/drone-delivery-is-about-to-revolutionize-the-supply-chain-industry/.

由于典型的无人机具有电动发动机，因此电池容量直接影响飞机的总重量，并因此影响无人机能够一次飞行的距离。当我们谈论可行性和成本效率时，飞行距离是一个决定性因素。虽然能源效率和电池容量无疑是快速改进的领域，但目前的无人机型号在发动机、电池类型及速度和距离表现方面差异很大。例如，与奥地利邮政合作开展的一个试验项目，测试的无人机最大重量为 3.5 千克，最高时速可达 60 千米/小时，飞行距离为 10 千米。

另一项相关技术挑战是与运货车连接。据称，使用随行货车或卡车进行总交付时，这部分的交接顺序是最具挑战性的方面之一。[①]

最后，存在一系列技术挑战，这些挑战来自故意破坏或其他人为损坏无人机行为：欺骗是指向他们发送虚假 GPS 信号来操纵无人机的过程或行为的行为。通过这种方式，可以实现劫持或坠毁。到目前为止，防止或规避此类行为的技术仍然不发达，抗干扰技术、屏蔽辐射等似乎还处于起步阶段。但是，当无人机送货大规模应用时，该技术的重要性将会增加，并且会有很强的关联性。

3.3 必要的基础设备

为了将无人机作为日常交付，需要制定和建立若干基础设施要素。

如果在城市环境中允许无人机送货，首先要解决的问题是降落地点。为了解决这个问题，已经开展了一些举措，通过各种方式在城市中进行无人机送货。在郊区，向后院、阳台、露台或门口的交付是可行的选择，但在更城市化的地区，无法应用这一方式。

WinPort（一家德国公司）目前正在开发可以连接到窗户的着陆点。[②]

Connect Robotics（一家葡萄牙公司）[③] 为交付无人机建立指定的落地点，可以收集包裹。

Matternet（一家硅谷初创公司）[④] 以类似的方式处理此问题，不同的是，其仅在私人场所（如医院）建立站点。[⑤]

一些公司在阿拉伯联合酋长国[⑥]和一些大学（如美国的弗吉尼亚理工大学[⑦]）进行了试点测试（图 1），旨在将货物直接交付给收件人。

---

① Blick, 27.09.2017, blick.ch/news/wirtschaft/neuer-service-von-mercedes-und-coop-heute-weltweit-erster-test-in-zuerich-die-drohne-liefert-das-paeckli-zum-auto-id7385534.html.

② win-port.de.

③ connect-robotics.com.

④ mttr.net.

⑤ The Verge, 20.09.2017, theverge.com/2017/9/20/16325084/matternet-autonomous-drone-network-switzerland.

⑥ By Costa Coffee, arabianbusiness.com/industries/technology/379426 – costa-coffee-tests-drone-delivery-service-in-dubai.

⑦ time.com/4493291/google-tests-drone-deliveries-virginia-tech/. arabianbusiness.com/industries/technology/379426 – costa-coffee-tests-drone-delivery-service-in-dubai.

图 1　交付无人机在海滩上带来咖啡

（资料来源：阿拉伯商业 2017）

无人机有很多不同的交付模式：①着陆并存放包裹；②停留在空中并用绳子降低包裹；③使用附带的小型降落伞丢弃包裹。

有 3 种试验方法，选择的方式将取决于目标位置的实际情况。①②③ 根据交付方法，可能需要在地面上使用不同的基础设施，例如，一个篮子，可以将包裹丢进来，或者是特殊标记，用于无人机送货的遮蔽区，并且在这里采取监管措施（见第 7 章）。

此外，还需要考虑另外一个基础设施：无人机携带包裹的具体设计。显然，目前的纸箱不适应所有天气条件。有些货物不是普通物品，从高空抛下会发生危险，因此需要特殊保护。

另外，不同于普通的长方形的包裹，可能需要研发更流线型的包裹。为了进行普遍的送货服务，而不是公司特定的服务，当前另一个问题是，将来是否需要对包裹进行标准化（形状和尺寸），就像欧式托盘一样。

因此，我们暂时得出结论，无人机的若干技术和标准依然需要进一步发展，才能足够安全地进行商业交付。

---

① theverge. com/2017/9/20/16325084/matternet-autonomous-drone-network-switzerland.

② technologyreview. com/s/602356/burrito-delivering-drones-seriously/.

③ theverge. com/2016/4/5/11367274/zipline-drone-delivery-rwanda-medicine-blood.

4 无人机送货的市场正在形成

尽管交付无人机的技术准备尚未完全发展，但可以看到，不断推出将无人机投放服务推向市场的举措（Lee，2016；AAE 等，2015）。

4.1 世界发展

在交付无人机的服务中，可以观察到各种方法。一些商业模式建立在运输特殊商品的基础上，旨在服务于利基市场。而一些商业模式则面向更广泛的受众。前者专门提供药品、血液样本、器官和商业特定小包裹。后者的商业模式通常针对本地交付，通常是快餐（如比萨饼、墨西哥卷饼）、各种饮料（咖啡、啤酒）或小型不易腐烂的商品（如书籍、小型电子产品等）的交付。其他商业模式的目标是扩大，甚至可能彻底变革现在由送货车交付小型包裹的整个交付市场。请注意，这些服务通常与其他数字化工具的实现密切相关，特别是在线订购。

在无人机制造这一领域中，几家大型企业在推动无人机的进一步应用方面脱颖而出。[①]最大的生产商在中国和美国（表3）。这些数字令人印象深刻：2016 年，大约有 220 万架无人机被制造和销售，用于娱乐和商业用途。相比 2015 年，无人机生产数量预计增长 60%，销售增长 35%。玩具无人机收入为 17 亿美元，商用无人机收入为 28 亿美元。到 2020 年，个人无人机和商用无人机的收入估计将增加到 112 亿美元。[②]

表3 世界上最大的无人机生产商

公司	总部	专业化	网站
DJI	中国	生产各种商业和娱乐无人机[③]	dji. com
Zero Zero Robotics	中国	嵌入式人工智能驱动相机无人机	gethover. com
3D Robotics	美国	具有 GPS 的自动无人机，即所谓的“智能无人机”	3dr. com
Yuneec	中国	制造商用和娱乐无人机，软件开发[④]	us. yuneec. com
Parrot SA	法国	娱乐和商用无人机，特别是四轴飞行器	parrot. com

亚马逊、谷歌和 DHL 等公司在测试无人机应用于各种服务中居于领先地位。然而，

① 请参阅 droneii. com/drone-market-environment-map-2018，了解无人机市场的大型数据库。

② Gartner，09. 02. 2017，gartner. com/newsroom/id/3602317.

③ DJI 也占据了 70% 的市场份额，请参阅 Business Insider，09. 08. 2017，businessinsider. de/commercial-uav-market-analysis-2017 – 8？ r = US&IR = T.

④ Yuneec 和 DJI 被称为“无人机行业的三星和苹果”，请参阅 Business Insider，09. 08. 2017，businessinsid-er. de/commercial-uav-market-analysis – 2017 – 8？ r = US&IR = T.

这些大公司并不是发展中行业最重要的参与者。相反，全球各地都有几十家初创公司想要开发这个市场，并且已经使用无人机进行交付服务。实际上，最广为人知的举措大多数是由小型初创公司发起的（如 Zipline International，Matternet）。值得注意的是，这些公司中只有少数位于硅谷（表4）。无人机送货服务的热点似乎是非洲（和亚洲）——但其中一些运营商的总部位于第一世界国家（见4.1.1小节，以下为具体例子）。

表4　运输业的大公司和初创公司

公司	总部	专业化	网址
Zipline International	美国	血样和医疗用品	flyzipline. com
Matternet	美国	紧急物资和医疗用品	mttr. net
Amazon	美国	小包裹	amazon. com
Google/Project Wing	美国	小包裹	x. company/projects/wing/
DHL	德国	小包裹	dhl. com
Flirtey	新西兰	比萨饼	flytrex. com
Flytrex	以色列	快餐	flytrex. com
Mercedes-Benz	瑞士	咖啡和三明治	mercedes-benz. com
Win-Port	德国	小件物品	win-port. de
JD. com	中国	小件物品	jd. com
AEON	日本	小件物品	aeon. info
Connect Robotics	葡萄牙	小件物品	connect-robotics. com
Alibaba	中国	小/中等重量物品	alibaba. com
Asda	美国	小包裹	asda. com
Rakuten	日本	小件物品	rakuten. com
Starship Technologies	爱沙尼亚和英国	小件物品	starship. xyz

此外，值得注意的是，一些国有企业也认为无人机送货是一个潜在的机会。许多国家的邮政企业与无人机送货服务的初创企业建立了伙伴关系，并启动了试点项目，其中最著名的是瑞士、法国、芬兰、英国、乌克兰、韩国、澳大利亚和奥地利。

媒体对无人机的报道频率尤其高。许多文章都跟踪并报道了该技术的发展，预估了无人机的未来、成本效率、技术准备和社会方面。[①] 偶尔，人们会有炒作或者技术推动的印象，交付无人机的社交媒体非常出色。值得注意的是，无论是投资公司还是公共机构，对

① 电视、广播、新闻门户、投资公司的杂志和网站、商业杂志、科技杂志、社交媒体（推特和脸书），以及其他专业网站（Drone World Expo；AUVSI International；Drone Life）。

它们而言，无人机送货都是一个热门话题。

此外，还有一些专门研究无人驾驶飞行器和无人机商业服务的活动和组织。例如，无人机世界博览会，国际无人驾驶汽车系统协会提出的 AUVSI 无人驾驶和 AUVSI 指数。[①]

案例：国际上交付无人机的选点测试

交付无人机最初证明其有用性和效率的领域是发展中国家的医疗保健领域。最先推出服务的公司是 Matternet 和 Zipline International。

2014 年，Matternet 率先在海地、莱索托和多米尼加共和国开展试点项目，将应急物资和医疗用品转移到难以进入的地区。2015 年，他们在巴布亚新几内亚和不丹[②]开展了进一步的试点项目。据称，Zipline 国际于 2016 年在卢旺达开展首个仍在运营的商业运送服务，提供血液样本和医疗用品。此外，在 2017 年 8 月，他们与坦桑尼亚政府签订了一项合同，在坦桑尼亚提供永久服务。

交付无人机的服务价值首先在缺乏足够基础设施或街道状况不佳的地方得到认可，但还有其他试点项目从不同的角度看待其商业潜力。为测试无人机运送食物，进行了一些试点项目。一个值得注意的例子是，2016 年 11 月新西兰进行了比萨饼运送，该实验由一家名为 Flirtey 的无人机初创公司和多米诺比萨有限公司合作进行。[③] 另一个有趣的例子是 Flytrex（以色列公司），该公司在冰岛的雷克雅未克测试快餐运送。自 2017 年 8 月以来，该服务已进入实验阶段——是无人机首次提供永久食品运送服务。其他公司也紧随其后，例如梅赛德斯 - 奔驰，于 2017 年 9 月与马特内特和瑞士公司 Siroop 合作推出了一项试点项目，在苏黎世供应咖啡。到目前为止，这项服务已经完成，最新文章称这项服务将在苏黎世连续推出，使其成为全球首个无人机在城市环境中提供的服务。[④]

除了上面提到的例子之外，世界上其他国家也有关于食品配送服务的报告（印度、韩国、日本等），但到目前为止，由于各种法规和监管程序（见 5.2 节），这些服务是否推出还不确定。

4.2 奥地利的现状

在奥地利，有许多公司和初创企业都在使用无人机。其中一些是制造商，另一些用无人机提供各种商业服务，还有一些是两者兼而有之。

奥地利有许多无人机制造商，虽然只有一些用于商业活动。Schiebel 为商业和军事目

---

① auvsi. org.

② fortune. com/2015/05/01/matternet-drone-delivery/.

③ dominos. com. au/inside-dominos/media/november-2016-pizza-by-drone-a-reality-with-world-first-customer-deliveries-in-new-zealand.

④ cleantechnica. com/2017/09/25/matternet-launching-first-permanent-autonomous-drone-delivery-network-switzerland/.

的生产无人机和其他无人驾驶车辆。Stromkind 是一家开发海陆空无人机的公司，致力于环境保护、灾难响应和风险缓解等业务。值得注意的是，就在最近，该公司赢得了 2017 年的先锋挑战奖。① Austrodrones 和 Diamond Aircraft 也是生产特殊用途无人机的制造商。Dynamic Perspective 生产各种无人机（UAV）、高精度相机和传感器稳定系统，专门面向电影行业。Airborne Robotic 不是无人机制造商，但提供视频和摄影服务。Riegl 是一家在开发和应用激光测量系统方面拥有 40 多年经验的公司，也使用无人机和各种其他无人驾驶车辆（表 5）。

其他与无人机有关的机构是各大学和研究机构，如格拉茨技术大学、维也纳技术大学、林茨艺术中心和克拉根福大学。

格拉茨技术大学有一个部门，致力于研发计算机图形，与视觉研究所内的无人机结合。该部门被称为“无人机空间”，是一种微型飞行器（MAV）飞行环境，其中无人机的测试是通过名为 Optitrack② 的运动跟踪系统进行的。通过这项技术，研究人员可以更好地理解和控制无人机的运动，提高其感知和避免技术。

维也纳技术大学致力于将自主飞行与智能手机相结合。在 SmartCopter③ 项目中，虚拟现实和扩充现实④实验室的研究人员正在测试基于智能手机的机载核心处理单元，以便在未知环境中实现自主定位、绘图、探索和导航，而不需要额外地面硬件⑤。如果能够大规模发展无人机送货服务，将会达到更高的水平。

表 5　奥地利无人机制造商和服务提供商

公司	总部	专业	网址
Schiebel	维也纳	开发大型的无人机和地雷探测系统，也适用于军方	schiebel. net
Stromkind	维也纳	开发用于环境保护、灾害响应和风险缓解的无人机	stromkind. at
Austrodrones	阿尔贝施文德	无人机制造和飞行服务	austrodrones. com
Dynamic Perspective	维也纳	开发无人机和高精度相机，传感器稳定系统	dynamicperspective. com

① pioneers. io/blog/post/stromkind-wins-pioneers-challenge-pioneers17.

② optitrack. com.

③ ims. tuwien. ac. at/projects/smartcopter.

④ ims. tuwien. ac. at/research/virtual-and-augmented-reality.

⑤ 同③。

续表

公司	总部	专业	网址
Airborne Robotics	克拉根福	专门为电影业制造无人机	airborne-robotics. com
Riegl	霍恩	开发使用无人机的激光测量系统	riegl. co. at
Drone Rescue	格拉茨	开发无人机降落伞	dronerescue. at
Team BlackSheep	斯坦顿	生产四轴飞行器	team-blacksheep. com

林茨艺术中心参与了一个项目，该项目旨在用100架无人驾驶飞机来展示科技和编程的成就。2016年与英特尔合作，并创造了当时的世界纪录。①

克拉根福大学在SO-SIE②项目中，研究人员专门致力于推进与无人机技术相连接的智能系统，同时正在开发一种确定无人机送货规模的方法，该方法将被计划提供无人机送货服务的初创企业和公司使用。③ 该研究小组由卡林西亚经济发展基金资助，与湖滨实验室④有限公司密切合作。

到目前为止，奥地利只有一家知名公司开展了无人机送货试点项目，即奥地利邮政（Post AG）⑤。有关详细信息，请参阅4. 2. 1节。

另见最近在维也纳经济与工商管理大学（Lustig，2018）答辩的一篇学士论文，该论文从运输物流的角度来探讨这一主题。

案例：奥地利的无人机送货试点项目

可能由于奥地利景观多样，成为无人机送货开发和测试的有趣地区。例如，其是全球为数不多的亚马逊交付无人机正在开发和测试的地点之一⑥，并且有许多奥地利的初创企业参与了用于应急响应无人机的开发（如Stromkind）；奥地利邮政最近进行了一项试验项目，测试了无人机送货方法。

奥地利技术大学与格拉茨技术大学合作，为亚马逊无人机的感知和避免技术的研发提供支持。该研究中心位于格拉茨郊区，研究工作由各技术大学和研究机构的主要专家领导。

---

① 自此，英特尔在2018年韩国冬季奥运会开幕时超过了之前创下的世界纪录，techradar. com/news/intels-drones-broke-a-world-record-at-the-winter-olympics-opening-ceremony.

② aau. at/en/blog/packages-delivered-by-air-drones-as-delivery-service/.

③ nes. aau. at/? p = 7093.

④ 湖滨实验室是一个自称是克拉根福“自我组织网络系统科学和创新中心”的机构，lakeside-labs. com.

⑤ tugraz. at/tu-graz/services/news-stories/tu-graz-news/einzelansicht/article/post-ag-und-tu-graz-erproben-autonome-transportlogistik-auf-der-letzten-meile/.

⑥ theverge. com/2016/5/10/11642686/amazon-prime-air-lab-drone-delivery-microsoft-experts-austria； techcrunch. com/2016/05/10/amazon-prime-air-opens-austrian-outpost-with-focus-on-sense-and-avoid-tech/.

在另一个著名的无人机试点项目中，奥地利邮政最近在尝试其他交付方式（图2）。2017年9月，一项名为“HEIDI”的项目已经完成。该测试包括1000次试飞，无人驾驶飞机载重达3.5千克，飞行距离为10千米，飞行速度高达60千米/小时，飞往施蒂利亚阿尔卑斯山脉的地点。除了无人机之外，还测试了一种名为“ELI”的多功能车。在这种情况下，无人驾驶飞机完成交付时，从特殊的货车上飞出，并在货车移动时多次往返。据报道，该试点项目取得了成功，从技术角度来看，成功率已经达到99%。① 该团队宣布，很快会在城市环境中（格拉茨中心）测试无人机的交付。②

图2　客户通过奥地利邮政的无人机接收包裹

（资料来源：futurezone. at③）

2017年夏天，Naturfreunde Österreichs进行了另一项交付无人机的实验，该组织是一个徒步旅行的非政府组织，在山区有一些避难所。该试验通过一架（遥控）无人机将食物运送到萨尔茨堡阿尔卑斯山的一间小屋（图3）。无人机承重100千克，飞行时速达到120千米/小时，飞行距离为1000米。最终该试验取得成功；主要问题是电池容量（仅20分钟）。发起人表示，对偏远小屋进行供给，相较于昂贵而且对环境不利的直升机飞行而言，无人机投递给未来提供了一种选择。④

当地的直升机公司似乎没有感到危机，他们认为这种无人机的飞行速度必须是直升机速度的10倍；此外，一位发言人提出了安全问题。⑤

① futurezone. at/science/tu-graz-testet-drohnen-als-paketzusteller/274. 382. 090.

② 除了无人机之外，奥地利邮政还试验了无人驾驶车辆作为替代送货方式。在这个试点项目中，TU Graz、奥地利邮政和i-Tec Styria在格拉茨市中心进行了一项试验项目，测试了陆地无人驾驶车辆，ku-rier. at/wirtschaft/steirischer-roboter-stellte-post-in-graz-zu/293. 798. 027.

③ 同①。

④ ORF Salzburg，21. 08. 2017，salzburg. orf. at/news/stories/2861539/.

⑤ ORF Salzburg，22. 08. 2017，salzburg. orf. at/news/stories/2861765/.

图3　无人机将食物送到高山小屋

（图片来源：ORF Salzburg[①]）

这些例子表明，从实际的角度或者物流业需求的角度，不仅是奥地利，而且在其他地方的邮政服务中，无人机角度都有需求或者商业机会。[②]

5　使用无人机的法律方面

5.1　一般的民用无人机

关于无人机的立法体系是一个非常复杂的问题，各国都有不同的理解和方法，因此会形成不同的法律。虽然存在某些共同因素，但是变化也很大，尤其是纵观全球，即便是欧盟内部也存在很大不同。

一般而言，该法规区分非商业（娱乐）和商业用途。[③] 有几个标准和条件适用于每种使用和操作。如果无人机的重量超过 150 千克，低于国家航空机构的规定，如奥地利航管公司（ Austro Control ），那么它们必须得到欧洲航空安全局（EASA）的许可。如果仍然较轻，可能会受到不同的监管。例如，在奥地利，如果无人机不用于商业用途，所有轻于 25 千克的无人机都是由航空俱乐部（ÖAeC）[④] 认证的。飞行距离不超过 30 米、小于 0. 25 千克的玩具无人机通常不受更严格的约束。除此之外，法律的主要区别在于飞行员是否与他/她的无人机进行目光接触。没有目光接触——包括在摄像机的帮助下驾驶，传送无人机拍摄的照片（“第一人称视角”）——需要单独允许飞行（Knyrim 等，2014）。目前规

① salzburg. orf. at/news/stories/2861539.

② techworld. com/picture-gallery/apps-wearables/best-uses-of-drones-in-business-3605145/.

③ dronerules. eu/de/；也可参见 ITA，2014。

④ aeroclub. at.

定，至少在欧洲，并未涵盖自主无人驾驶飞行器。大多数立法框架中，除非持有特别许可证，否则不允许无人机携带照相机①或者在人群上方飞行。

有趣的是，有几个法律概念，要么没有完全定义，要么根本没有定义，如空域，我们所认为的空间“空域”是指在多高或者多高的高度是一个人的财产。在某些国家，没有明确界定一个人的财产上空是否属于他们的财产，因此在许多情况下，不明确是否有权要求或反对飞过财产上方的物体。

这个和其他参数都不清晰，也不准确，但在无人驾驶飞机推出大规模交付服务的情况下会出现这种情况。

5.2 交付无人机

显然，交付无人机不属于轻型飞行物这一类（玩具类的无人机属于轻型飞行物），因为除了需要自动飞行所需的设备（如摄像机和其他传感器等），还需要额外负重。因此，交付无人机只能在特殊条件下使用（如拥有许可证）。对于车载摄像机等，需要获得航空局的特殊额外许可。然而，到目前为止，法律中不存在自动无人机，因此目前不允许在奥地利使用。此外，交付无人机必须飞越人群和城市，当前制度下，当局只能视情况逐个允许，很显然这不适用常规快递的商业模式。

法律框架必须适用于交付无人机，如对于额外的无人机类别，需要制定特别的规则。这表示，为了实现无人机的大规模应用，需要进行监管，尤其是在城市地区允许使用无人机送货服务时。

此外，涉及跨境飞行时会出现更多问题，就像大型飞机一样，例如：无人机是否需要取得本国许可证和其他国家许可证？其他空域是否有不同的规则？欧盟目前在制定法律框架，旨在协调不同国家的方法。②

自从无人机送货开始实施以来，美国一直致力于推动商业无人机送货服务立法。与此同时，近期和过去的倡议迄今仍未取得实质性进展。有趣的是，为什么一个总是支持新技术想法的国家会在立法上犹豫不决？

无人机速度和交付服务是否能取得成功，这两个问题似乎取决于多个方面的因素，这些因素深深植根于特定国家的社会文化和经济背景及其立法传统。在非洲（勒索托、卢旺达、坦桑尼亚）和中美洲（海地、多米尼加共和国）的一些案例中，可以推测无人机送货的立法能更快实现。很多组织会通过人道主义和应急援助给这些国家提供帮助，这些国

① futurezone. at/digital-life/drohnen-fotografie-alle-fluege-muessen-genehmigt-werden/163. 784. 355.

② 请参阅 IDG News Service，20. 06. 2017，来自 cio. com/article/3202386/vertical-industries/eu-wants-to-ease-commercial-drone-use-with-future-flight-rules. html；2015 年，EASA 欧洲航空安全局、easa. europa. eu 为无人机“风险受限”提出建议，见 easa. europa. eu/download/ANPAtranslations/205933_EASA_Summary%20of%20the%20ANPA_DE. pdf.

家具备接受援助和支持的条件。[①]

潜在增长的前景似乎推动了立法。在中国，出于实用性，促进难以管理物流的地区实施立法。[②] 冰岛也是如此，人口密度和社会文化背景使无人机送货成为了理想方案。[③] 各种好处和经济增长潜力也可能是推动欧洲立法的原因。据报道，2017 年夏天，欧盟委员会旨在放宽对轻型无人机的监管，促进物流、检验服务和农业发展。[④]

6 无人机送货潜在影响综述

在本章中，我们概述了商用交付无人机的可能影响（AAE 等，2015；Rao 等，2016；"from a TA perspective see Čas"，2015；ITA，2014；Nentwich，2015；Krieger – Lamina/Nentwich，2016；Nentwich，2017；Moe，2013；POST，2014）。在本研究中，只进行了初步分析。这里讨论的主题是：环境风险（6.1），健康风险（6.2），社会影响和潜在冲突（6.3）及防止滥用（6.4）。6.3 节特别提到以下几个方面：就业市场、交付系统的应变力、道德规范、消费者行为、噪声污染、空域审美降低、私人领域保护及地面空域公共用品运输的商业用途。

本章中，我们主要利用两个设想[⑤]，对无人机送货进行测试和评估。

设想 1 中（所谓的"比萨饼设想"）我们所研究的是通过无人机广泛交付各种小件货物（包裹），而不是（或与之相结合）送货车和卡车。在这种情况下，无人机将实现所谓的"最后一英里交付"的功能：这意味着各种物流供应商将定期使用城市（和农村）空域，通过无人机向消费者提供货物。

设想 2（所谓的"紧急情况"）影响较小，无人机的送货服务只是一个利基市场，一些特殊商品，例如，在医疗领域，将定期在医院、药房和从业者之间转运，或用于其他紧急情况。另一个潜在的利基市场可能是向偏远地区定期供应货物，这些地区道路不畅或在特定季节没有其他联系。

显然，下述探讨的大部分影响将会在设想 1 中加剧，因为设想 1 是无处不在的、大规模的无人机飞行。而设想 2 频率较低，只是偶尔发生。如果只实施设想 2，那么我们标注

---

① 请参见以下例子：坦桑尼亚，flyzi-pline. com/uploads/Tanzania% 20Announcement% 20Press% 20Release% 20vFinal. pd f；money. cnn. com/2017/08/24/technology/east-africa-drones/index. html；卢旺达，qz. com/1003810/the-worlds-first-commercial-drone-delivery-operates-from-a-hill-in-rwanda/.

② Economic Times，07. 11. 2017，econom-ictimes. indiatimes. com/news/international/business/alibabas-drones-deliver-packages-to-islands/articleshow/61545583. cms.

③ Bloomberg，23. 08. 2017，bloomberg. com/news/articles/2017 – 08 – 23/iceland-set-to-become-island-of-drone-deliveries.

④ IDG News Service，20. 06. 2017，via cio. com/article/3202386/vertical-industries/eu-wants-to-ease-commercial-drone-use-with-future-flight-rules. html.

⑤ 请注意，这些"场景"不是严格技术意义上的场景，即不是使用场景技术创建的场景，而是特设"叙事"概括的对未来的描述。

的这些风险可以忽略不计。

6.1 环境风险

无人机在环境中移动（无论是自然环境还是人为环境），都会带来潜在的风险。首先关注的是无人机对野生动物和鸟类的影响。当无人机侵入动物的栖息地时，会有双重风险：关于后者，奥地利已经记录了这种情况——鹰误食了无人机。① 对于前者，有人担心可能发生碰撞，鸟类安全面临更大的风险（见相关对风车的讨论）。请注意，不仅仅是野生动植物可能受到伤害，或者其可能对无人机的有效运行 产生影响。无人机允许穿过的领土中，也可能对各种驯养动物（宠物和农场动物）产生影响。

即使没有碰撞，这些装置也会产生噪声，以及频繁出现，都会对栖息地造成压力，就像附近的道路一样。迄今为止，无人机对野生动物产生的噪声影响尚未得到研究，但有一些关键问题需要加以考虑。有几个因素起作用：无人机要求飞行的高度，允许飞越的领土，以及允许降落的地方。

另一种可能带来的环境风险是碎片。无论是由于碰撞，还是货物被遗忘或遗弃，废物问题都会带来另一系列挑战。问题、责任、实际回应都摆在面前：谁负责清理碎片，谁承担损害或赔偿的费用。这个问题让我们想起了野外垃圾场，因为很难分配责任。

从技术评估角度考虑的另一个环境问题是能源消耗。无人机需要电力。虽然每个单独的飞行都不会消耗太多，但是通用无人机送货系统的总体情况可能会有所不同，特别是与目前一次运载多个包裹的汽车相比。在最近的一篇研究文章中，作者得出结论，对于达到 0.5 千克的包裹，能量平衡，使用无人机更好（Stolaroff 等，2010）。但是，如果从整体基础设施看，整体评估可能会有所不同（Redaktion，2018）。总体来说，需要进行严格的生态平衡（生命周期评估），包括所需电池的生命周期。

6.2 健康风险

事故会造成两种健康风险。首先，导航系统出现故障，特别是在恶劣的大气条件下，可能会导致事故。特别是在人口密集的城市地区，无人机可能会撞到人，并且很可能伤到人，因为转子很锋利，而无人机的重量只有几千克。只要交付无人机系统不到位，而且还要取决于实施场景，目前很难预测事故发生的可能性。

另一个潜在的健康风险源于负荷。如果携带危险品的无人机发生碰撞，可以想象会造成多么可怕的情况。必须重新定义危险品，例如，人们可能会问，是否会包括器官、医学探针或疫苗的血液样本，因为其可能会污染环境或直接威胁到人们。危险货物的运输可能

① The Independent, 13.11.2015, independent.co.uk/video/News/two-eagles-mistake-a-drone-for-food-in-austria-a6733351.html.

完全被禁止。

6.3 社会影响和潜在冲突

关于社会方面和潜在冲突，第一波标准以各种形式出现在不同的平台上，而且阐明了抵制的最初迹象。例如，在美国，如果无人机侵入您的私人领域，您可以购买反无人机枪射击它们。[①] 在下文中，我们概述了引起关注的最相关领域。

6.3.1 就业市场

第一个值得关注的领域是该技术对就业市场的潜在影响（OECD，2015）。运输和物流是人员密集型行业，因为最后一英里需要司机亲自运输包裹。随着全天候在线商店的出现，为客户提供送货到家服务的市场发展迅速[②]，打包工人和送货车司机的劳动力市场也迅速发展。如果在最后一英里，无人机被广泛使用，劳动力市场的后部分最终会再次萎缩。

这些影响在很大程度上取决于具体情况和交付模式。显然，制药业司机的劳动力市场远远小于消费品领域。如果无人驾驶飞机从自动化中间存储设施开始，从长远来看，货车司机将会失业（除了大型和/或重型包裹）。如果无人驾驶飞机从运货车开始，仍然需要司机——除非这些货车最终可以自动驾驶——但比目前少得多，因为在最后一英里使用无人机可能会更加节省时间：不仅无人驾驶飞机比人类走上楼梯更快，而且更多无人机同时飞出一辆货车，货车虽然只有一个司机，但送货速度会更快。

我们找不到关于最后一英里交货的任何具体研究，但有几项研究对不同国家不同就业市场的数字化和自动化过程进行了探究（EPTA，2016；Frey 等，2013；Čas 等，2017）。经济学家对准确数字存在分歧，但他们预测某些行业会产生巨大失业，如一般的运输业（出租车司机、货车司机等）。需要对此进一步研究。

重要的是，必须承认，非技术工人可以从事普通任务，这会形成一些人的社会安全网，他们缺乏专门训练，无须进一步资格就能从事某项工作，至少在过渡期可以这样。[③] 自动化的过程会减少人工的需求，非技术工人受到的影响可能最大。[④]

无人机送货对就业市场的威胁也是媒体热议的话题。大多数文章和辩论都集中在自动

① Wired，27.07.2017，wired.com/story/watch-anti-drone-weapons-test/；The Drive，21.06.2017，thedrive.com/aerial/11505/the-7-most-significant-anti-drone-weapons.

② 全球在线零售额正在增长，2018 年零售总额增长比例达到 8.8%，2016 年为 7.4%。2016 年，这意味着 18.8 亿美元，2017 年上升至 21.9 亿美元。预计 2018 年底为 24.8 亿美元。请参阅 invespcro.com/blog/global-online-retail-spending-statistics-and-trends/.

③ 特别是在移民、失业或需要快速就业的情况下，需要确保收入。

④ Forbes，17.04.2017，forbes.com/sites/quora/2017/04/17/should-package-delivery-be-automated-with-drones-a-look-at-the-pros-and-cons/#3ccf82681bc9.

化送货的经济方面。特别是对非技术工人的威胁，以及分配问题，这两个方面经常被讨论。[①]

6.3.2 交货系统的弹性/冗余

在考虑推出任何基础设施服务时，不仅要考虑潜在的经济优势（如开辟新市场），还要考虑整体系统的弹性。

在某些情况下，无人机不能安全飞行，例如在强风或冰雨或浓雾的情况下（就像大型飞机一样）。这意味着，现有的基于货车的基础设施很大程度上被无人机取代，基于无人机的系统将不能完成送货。我们可以假设，运输公司不会保留货车“以防万一”。问题是，这是否是可以接受的或者我们需要替代方案？

对我们的设想 1，也许可以设置一个临时送货站（但需要进一步分析）。对于设想 2，例如医疗部门依靠无人机的日常送货服务，必须避免我们挽救生命的基础设施的脆弱性。在这种情况下，替代送货需要随时待命。

6.3.3 道德规范

对于即将发生和不可避免的事故，无人机软件中预先编程了什么行为？与其他自动驾驶车辆的算法类似，例如乘用车，在事件发生前要做出很多决定，这些决定在分秒内开始运作。对于自动驾驶汽车，这些棘手的问题已经引发了伦理学家和技术人员的广泛讨论（Maurer 等，2015）。但是对无人机的讨论仍然缺失（Luppicini 等，2016）。

在不可避免会造成损伤的情境下，汽车/无人机至少会做出 3 种选择：①撞到两名成年人，极有可能严重伤害他们；②撞到孩子，极有可能会重伤；③以某种方式设法避免撞到前面提到的两种情况，朝下猛撞，机器和包裹都会损坏，包裹可能会挽救别人生命（如包含人体器官移植的包裹）。做出什么决定，这是一个开放并且很难回答的道德问题，所有这些都必须事先确定并编程。提前做出决定的，应该是程序员，还是无人机制造商，送货服务公司，包裹的寄件人或收货人，抑或者是整个社会，或立法者？无论做出何种决定，我们将如何看待这些决定的实施？我们可以说，回答所有这些问题并不容易（Krieger-Lamina 等，2016）。请注意，对于无人机做出的任何决定，永久监视和环境分析是一个先决条件。

顺便说一下，这种道德困境也出现在仅限于紧急包裹的送货服务中（设想 2）。如果我们考虑将紧急情况作为例外，我们仍然会面临这样的问题：什么是紧急情况，什么不是？我们可能会认为器官运输是紧急情况，那么其他情况如医疗探针和血液样本的转

---

① Forbes，17. 04. 2017，forbes. com/sites/quora/2017/04/17/should-package-delivery-be-automated-with-drones-a-look-at-the-pros-and-cons/# 3ccf82681bc9；Goldman Sachs，2016，goldmansachs. com/our-thinking/technology-driving-innovation/drones/；Reuters，21. 03. 2017，reu-ters. com/article/us-usa-drones/u-s-commercial-drone-use-to-expand-tenfold-by-2021-government-agency-idUSKBN16S2NM.

移呢？

在设想 2 中，我们甚至可以更进一步地提出：在城市中采用无人机送货是否是医疗机构的专有权？如果是这样，什么是医疗机构？我们是否严格规范允许谁飞行以及谁不飞行？我们如何应对特权被滥用的情况？如果有严格控制、时间限制、航班限制等，那么这种服务将不能普及。通常这会导致价格上涨。例如，某位患者为了更快得到结果而支付额外费用，这位患者的血液会优先考虑。这是一种典型的技术评估，我们可以称之为“无人机”划分：在一种情况下，只有富人可以负担得起（但仍使用共同的良好空域），这可能会导致患者接受的医疗质量额外差异。其他服务也可能会提出同样的问题。

6.3.4 消费者行为

消费者购买什么，购买的方式和时间，付款方式，他们的期望是什么，所有这些因地理位置而异，并且不断变化。尤其是工商业试图影响他们的消费行为，甚至创造以前未知的需求。网络购物没有固定的开放时间，而是 24 小时可用，无须离开家订购下单和交付，这些有可能改变消费者的行为（Lee 等，2016）。无人机也是如此。

以前是邮购公司，现在是网上商店，发货需要几天，甚至昂贵的速递通常需要一天的时间才能到达。无人机送货将此缩短到 1 小时或更短。我们可能理所应当的提出问题，这是否会满足已经存在的需求，或者说要创建一个新的需求。无论答案是什么，我们似乎可以预测，无人机的发展将促进整个消费市场的发展，并且会给实体店造成压力。实际上，即使在今天，我们也可以看到实体店与网上商店之间的激烈竞争。网上商店有更广泛的投资组合，从而迫使许多实体店停业（Bruckner，2017）。这场竞争肯定会大大改变购物渠道。最后，消费者面临的实体店选择较少，网上选择会更多，也许市场上的竞争者会更少。

可以从心理和法律角度评估这个新的商业世界——即无人机的网上快速交付：这种新环境能带来几乎即时的满足感，短时间内“实现所有愿望”。一方面，肯定受到许多人的欢迎；另一方面，可能会引发大肆购买，消费者债务水平上升，引发债务过度负担及破产等问题。从消费者保护的角度来看，立法肯定是一个问题。

请注意，在送货时间可以忽略不计的情况下，从心理上说，网上退货的权利就更少了（通常是从订购时起两周左右的时间），因此，“三思而后行”的机会减少了。

6.3.5 噪声污染

不仅野生动植物受噪声污染影响（见 6.1 节），人类也会受到影响。就像居住交通繁忙地区或机场附近的人一样，那些直接居住在无人机定期航线下的人也会遭受噪声污染。请注意，设想 1 中，随着时间的推移，无人机送货将会普及。虽然一架带有 8 个电动迷你发动机的无人机不会产生太多噪声（除非离我们很近），但很多无人机同时启动噪声会很大。即使我们假设之后研发的无人机噪声更小，但进一步改进的空间是有限的，因为无法避免许多转子周围的气流 ——类似于汽车轮胎和汽车周围气流产生的噪声，如果高于某一速度，会比发动机声音还大。因此，即使是声音最小的电动发动机也无法产生无声的电动车。

除了经常使用的航线之外，靠近顾客的预期送货方式，尤其是在人口稠密的城市地区，是不可忽视的，至少对那些对噪声敏感的人来说更是如此。只有在设想 2 中，空中运输产生的噪声才不会成为实质性问题。

因此，在设想 1 中，我们可以假设，噪声可能是一个问题，如果不解决，可能会引发人们的反对。接下来的问题是，社会如何决定允许无人机在哪里飞行，以减少噪声问题。禁飞区可能是其中一个解决方案。或者飞机航线高于街道，或远离建筑物。但最后一英里，即顾客周围可能作为着陆点的地方，有什么解决方案？这些都是开放的问题，必须要通过公众的讨论才能给出答案；我们会在最后一章回答这个问题。

6.3.6 空域的美学减损

与过去的电力线、风车和摩天大楼类似，部分人群可能会认为无人机在低空飞行影响美观（图4）。

图4 满天飞的无人机

（资料来源：RikoBest/Shutterstock.com）

起初，这听起来像是一个奢侈的问题，事实上，我们的社会在过去已经接受了很多类似的妥协：自然景观越来越少，而在城市地区，地面交通、各种公共设施和装置的利用是相对标准化的。此外，对于各种建筑和基础设施的美学价值，人们的看法始终存在分歧。然而，有人可能会认为——我们假设如果放在桌面上讨论这个问题——空域目前是空白的，大规模使用空域在开发共同利益上将是全新的、本质上完全不同的一步。

请注意，在设想 1 中，无人机主要出于私人利益的商业目的，而地面的使用是商业、公共和私人活动的共享空间。这就提出了另外一个问题，如果允许的话，商业企业是否需要为使用空间付费？过去有许多例子，尤其是交通部门的例子，如过路费、机动车税和著名的奥地利"Luftsteuer"（航空税）[①]。如果人们出于私人目的使用公共场地，例如广告牌延伸到人行道上空，就应该付费（见7.3节）。

6.3.7 保护私人领域

如果无人机运送包裹成为（法律上）接受的服务，该技术可能会影响并可能与私人领域发生冲突。即便今天没有大量无人机，该问题已经提出来了。特别是许多玩具无人机安装了摄像头（除非你有特定的许可证，否则实际上大多数制度下是不允许的）。因此当无人机飞越地面或接近阳台时，邻居会收到警报。

大众媒体有很多文章都在讨论这个问题[②]，而且有几家公司出于自助式"执法"，提供反无人机设备。[③]

即使拍摄照片、视频或音频监控不是交付无人机的主要功能，但是需要这些功能来感知无人机的去向（并且持续调查环境），因此必须配备能够"看到"的技术来确定（见3.1节）。[④] 在飞行过程中，这些传感器产生的数据可以立即删除。但是，如果需要证明无人机没有造成损坏或遵守了所有飞行规则，可能会依法要求其保留航班记录。这种情况类似于其他领域，特别是飞机的黑匣子，在不久的将来，还有汽车和卡车的行程记录器。这意味着应该记录并保存视频资料、位置数据和时间戳印。如果人们出现在视频中或者可能与视频间接相关，那么所有数据都会非常敏感。此外，私人财产的鸟瞰图可能也很敏感。公共建筑（如议会建筑）或军事设施也是如此。

我们认为不应低估隐私问题。因此，在7.2节中，我们将回到这个主题。

6.4 防止滥用

所有新技术都有可能被滥用。无人机送货的普及也将不会例外（AAE等，2015）。滥用行为指盗窃无人机的包裹，故意破坏和所谓的"电子欺骗"，即通过远程超控无人机或发送虚假GPS信号进行电子劫持。此外，犯罪分子可以使用无人机来运输非法货物，例

---

① Gebrauchsabgabengesetz，ris. bka. gv. at/GeltendeFassung. wxe？Abfrage = LrW&Gesetzesnummer = 20000131.

② Consumer Reports，10. 02. 2016，consumerreports. org/electronics/drone-privacy-is-anyone-in-charge/；The Next Web，24. 08. 2017，then-extweb. com/tech/2017/08/24/amazon-patent-details-the-scary-future-of-drone-delivery/；Recode，15. 03. 2017，recode. net/2017/3/15/14934050/federal-privacy-laws-spying-drones-senate-hearing.

③ 如特种步枪，20min. ch/digital/news/story/Drohnen-Gewehr-holt-Gadgets-vom-Himmel - 25911389？redirect = mobi&nocache = 0. 6997041974682361 和 http：//www. spiegel. de/netzwelt/gadgets/battelle-dronedefender-das-anti-drohnen-gewehr-a-1058093. html 和 spiegel. de/video/dronedefender-gewehr-beschiesst-drohnen-mit-radiowellen-video-1617446. html；另一个选择是训练鸟类（猎鹰或鹰）捕杀无人机，futurezone. at/digital-life/niederlaendische-polizei-trainiert-adler-fuer-drohnenjagd/178. 424. 561.

④ 遥控无人驾驶飞机也是如此，不仅仅是自主无人驾驶飞机，远程遥控无人机的飞行员需要机载摄像机才能远距离飞行。

如，毒品，或向监狱囚犯运送某些东西（如武器）。①

最后，恐怖分子可能会将炸弹装载到无人机上，或者只是使用无人机来侦察潜在目标（如核电站②）。空中交通更密集，这些犯罪目的更容易执行，因为大量无人机易于隐藏，不被发现。如果飞入人群或公路，无人机本身也可能成为武器。

即使是非犯罪分子，只是普通公民也经常不正确地使用无人机，如无人机飞越人群或安装了摄像头；很显然，公民对法律规则的常识掌握较少，或者完全不关心（Pfluger，2017）。③ 针对这种情况，澳大利亚当局最近推出了面向普通用户的网站，其中包含有关适用规则的信息。④

因此，我们需要询问当局如何防止滥用行为和犯罪活动。迄今为止，该立法并未制定警方如何有效抵制和惩罚滥用的方法。我们将在 7.4 节中探讨立法者应如何改善这种情况（如电子车牌）。

7 监管的潜在需求

根据我们对可能产生社会影响的初步分析，我们现在可以对是否有必要监管无人机送货这一新兴市场进行评估。

新技术，特别是其快速发展时面临一个普遍问题。例如，这种情况下，监管落后，要么需要不断适应新技术，要么阻碍创新。就像目前的情况（请记住，在目前的法律框架下，自主无人机根本无法获得许可）。此外，像其他运输活动一样，该领域具有国际性。因为飞行物体经常跨越国界，进入的领土可能实行另一种法律制度。

在本章中，我们首先概述了无人机所涉及的法律领域，特别是我们研究了空中交通法（见 7.1 节）、消费者和隐私保护（见 7.2 节）、税法（见 7.3 节）和法律实施（见 7.4 节）。

7.1 空中交通法

如前所述（见 5.2 节），迄今为止，奥地利和许多其他国家的法律不允许使用自动无人机（AAE 等，2015）。因此，如果社会和立法者希望允许交付无人机运作——这仍然是一个悬而未决的问题，请参见第 8 章中的结论 ——这个选择不仅需要远程控制，而且需要自动无人机，首先要立法。与这一新选项一起，需要制定许可交付无人机，服务企业和特定空中交通规则的技术要求如下。

一方面，无人机本身需要获得许可，并进行特殊的测试，检查其安全性和性能，重

① tagesspiegel. de/berlin/gefaengnis-in-berlin-moabit-drogen-per-drohne-in-den-knast/19931882. html.

② spiegel. de/wissenschaft/technik/drohnen-ueber-akw-frankreich-raetselt-ueber-terror-gefahr-a-1005559. html.

③ welt. de/regionales/bayern/article147407964/Viele-Hobbypiloten-kennen-die-Vorschriften-nicht. html.

④ austrocontrol. at，bmvit. gv. at/verkehr/luftfahrt/drohnen/.

量，地理定位的准确性及感应和避免系统，发动机类型（仅电气或内燃机）。特殊规则可适用于具有特殊用途的无人机，如运输危险货物的无人机。另一方面，什么数据应记录在黑匣子中，如果其是强制性的，数据应存储多长时间等。

此外，提供交付服务的企业很可能需要满足某些条件，并且必须获得特定许可，包括数据保护和隐私评估。许可可以根据现有系统处理，即分别得到飞行控制当局或者运输部的许可。

特别是在设想 1 中，如果无人机规模大，而且定期飞行，空中空间将变得密集。类似于街道上的交通，需要交通规则来避免混乱。空中交通规则必须包括速度限制、飞行高度、与其他物体特别是人类和动物的最小距离、无人机识别，以及应急程序等。此外，考虑允许无人机飞行的空中走廊及“禁飞区”似乎是可取的。这些禁飞区将在飞行期间（或起飞前不久）由无人机访问的动态数据库中标记出来，并将与越来越频繁提到的地理围栏联系起来。特殊情况是，直升机周围或紧急区域内，临时或在当地建立禁飞区，但是地理围栏可以用于保护安全和隐私。这些规则将考虑城市和农村环境的差异。

我们是否需要（至少在设想 1 中）特定的地面空域监视机构（如飞机上存在的空中交通管制）？或是否可以设想一个自动或分散的共同交通控制系统？这是一个尚未解决的问题。后者意味着为了避免冲突，需要建立一个协议进行协调。这可以包括允许优先飞行的功能层次（如运送比萨的无人机将让位于携带医疗样本的无人机）。

出于安全原因，需要就危险品的交付做出进一步的监管决定。除了无人机本身的特定技术安全要求之外，可能完全不允许携带危险品或者仅在特殊情况下允许携带。

7.2 消费者和隐私保护

虽然这个问题一般与网上购物有关，但我们之前（见 6.3.4 小节）看到无人机无处不在的交付将加速消费者合同的履行。在这种情况下，立法者可以重新考虑撤回权，即消费者在什么条件和时间内取消订单不会担责。

此外，对于货物的损失或损坏，可能需要修改责任规则，如在飞行期间（如客户在大雨中订购商品）或在交付过程中（谁负责着陆平台或附窗吊篮的正常运行）。对于无人机或交付的货物，保险是强制性的，谁必须支付费用？（AAE 等，2015）

最后，正如第 6.3.7 小节所述，现有数据和隐私保护需要适应新的技术（AAE 等，2015），包括黑匣子记录。

7.3 税法

可以想象，各州认为无人机飞行是一个新的征税对象。其背后的原因可能是无人机操控者出于非公共目的，利用公共近地空域——类似于车主利用街道，人们推出高架广告牌。

7.4 法律实施

当前空中交通的执法复杂，但是相对来说比较容易。许可飞机和直升机数量庞大但数量有限，运营商数量有限，并且任何特定的机载飞机有一个或多个雷达屏幕，甚至备用的拦截飞机会执行国家禁飞区。此外，几乎所有登上飞机的东西都经过了安全检查。相比之下，在设想 1 中，很多方面会有所不同：无人机非常小；任何时刻，多种类型的飞行器都能在空中飞行；雷达不会探测到近地、建筑物之间和山谷中飞行的无人机；会有更多的操控员。在某些方面，监管无人机交通类似于地面上的汽车交通，全面监控基本不可能。

然而，正如我们所看到的，无人机滥用的可能性不可忽视（见 6.4 节）。因此，未来的无人机系统需要将这些挑战考虑在内。无论机制解决方案是什么（交警或委托监督的特殊机构），这些机构都需要获得相应的资源来完成这项艰巨的任务。

一种可能的选择是建立远程识别系统。这包括通过无线电信号强制登记每架无人机及其永久标识，并进一步允许当局 ——也许还有私人①——远程识别每架无人驾驶飞机。然后，当局可以访问包含每个航班（供应商、路线、负载）详细信息的数据库，就像卡车、货机和集装箱船的数据库一样。而且可以开发特殊装置（类似于用于控制车速的雷达枪），以接收识别数据。

另一个选择对潜在的滥用者（不是罪犯或恐怖分子）具有同样的威慑作用。每架无人机强制安装黑匣子（类似于飞机上的装置），即一个特别保护和防篡改的存储设置，用于存储即时飞行数据（如在飞行过程中借助上述特殊雷达枪）或至少在特定飞行后进行控制。

从技术上讲，还可以让无人机在飞行过程中连接到通用或特定的移动通信网络，甚至永久连接，并让它们不断发送数据，以便自动跟踪，监督是否遵循所有规则。然而，还是会出现无人机违规的问题。

8 结论

正如我们已经看到的，关于无人机的商业用途，还有许多未解决的问题，涉及技术、立法及社会方面、安全和环境风险。

当我们区分第 6 章导言中列出的实施方案时，这些突出问题的答案将有所不同。在设想 1 中，无处不在的交付无人机是我们日常生活的一部分。和仅在特殊情况下交付的设想 2 相比，前者对社会的影响要大得多。

虽然实现设想 2 仍然需要相当多的准备，但无论从技术角度还是法律角度来看，建立

---

① 个人想知道谁在花园上空飞行，或者 10 分钟之内第三次飞过窗边，这个愿望是合法的。

这样的利基市场都可能不会有广泛的反对声。相比之下，设想 1 不仅需要更复杂的基础设施和规则，还会引发一些可能存在争议的问题。

从技术评估的角度来看，如果没有深入的跨学科研究，这些问题就无法回答。本研究仅对所涉及的问题进行初步评估；可以预测，该短期报告中提出的一些观点争议较少或者可以忽略不计，但可能还有更突出的问题需要解决。

此外，检测到的许多问题都是有价值的，这项技术触及很多人的私生活。举几个例子：经济利益与野生动植物保护之间的关系并不明显；用自上而下的方式很难回答大量无人机引发的审美问题；噪声是社会不断寻求解决办法的另一个问题。

由于技术已经趋于成熟，并且许多商业实体都在等待，现在是开启辩论的最佳时机，研究这种服务可能带来的机会和风险。我们的建议是进行参与式技术评估研究，即专家、利益相关者和公民研究相结合。这项研究试图回答：作为社会，我们想要实现上述哪种设想（或者任何其他可能的设想）？我们要在哪种条件下实现？该研究有如下 4 个要素。

①详细审查技术、监管和经济框架及风险问题（这将是本研究的丰富、扩展和更新版本）。

②与利益相关者（无人机制造商、交付服务提供商、空域管理机构、警方、消费者保护和环境保护领域的非政府组织等）进行知情辩论。

③与公民进行知情辩论；为了从非专家那里获取常识和价值观，非专业人士的参与会特别有益。

④旨在提出政策选择的总结性政策导向分析部分。

最后，笔者相信，现在正是进行这样一项包含性的研究并且就此进行公开辩论的好时机。今天，这项技术尚未确定，商人尚未对其商业模式进行大量投资。换句话说，今天，旨在塑造技术和经济道路的预期治理仍然是一个有效的选择。